AF557971

Thomas Schauer, Stefan Caspari

Überlebenskünstler

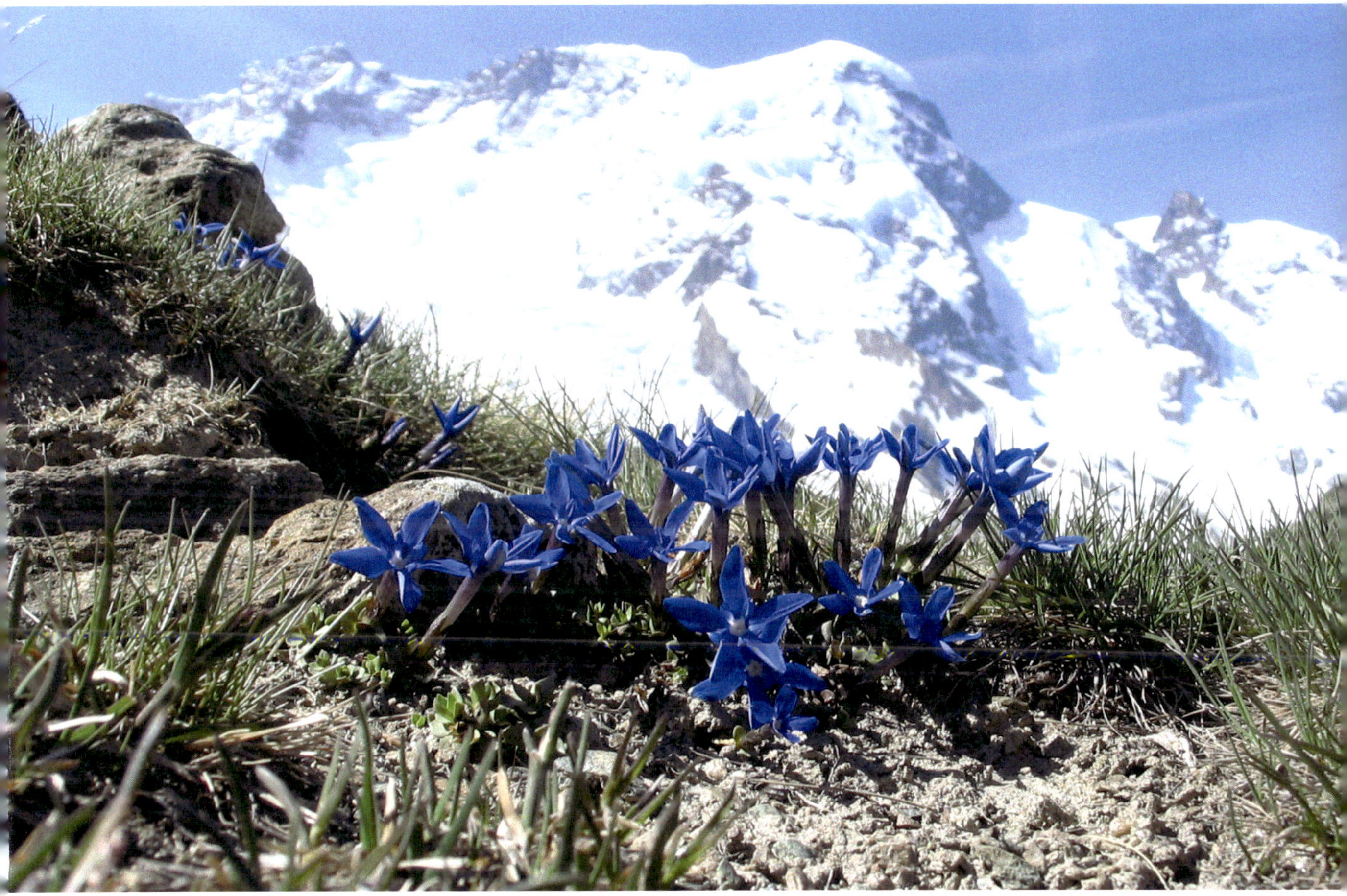

Haupt
NATUR

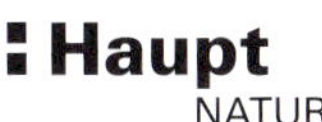

Thomas Schauer, Stefan Caspari

Überlebenskünstler

50 außergewöhnliche Alpenpflanzen

Haupt Verlag

Thomas Schauer studierte Biologie, Chemie, Geografie an der Universität München. 1965 Promotion. Anschließend tätig als Vegetationskundler und Ingenieurbiologe am Bayerischen Umweltamt. Autor zahlreicher vegetationskundlicher, ökologischer und naturschutzfachlicher Arbeiten und botanischer Bücher.

Stefan Caspari hängte die Jurisprudenz an den Nagel, um Fotograf zu werden, folgte später seinem Vater Claus Caspari nach und betätigt sich seitdem erfolgreich als Kunstmaler und Illustrator. www.stefancaspari.de

Umschlagabbildungen
Vorne: Zirbe oder Arve *(Pinus cembra)*, Silhouetten (von oben nach unten): Alpen-Glockenblume *(Campanula alpina)*, Edelweiß *(Leontopodium alpinum)*, Wulfens Hauswurz *(Sempervivum wulfenii)*
Rücken: Gegenblättriger Steinbrech *(Saxifraga oppositifolia)*
Hinten: Berg-Hauswurz *(Sempervivum montanum)* und Alpen-Mohn *(Papaver alpinum)*

Der Haupt Verlag wird vom Bundesamt für Kultur mit einem Strukturbeitrag für die Jahre 2016–2020 unterstützt.

1. Auflage: 2019

Diese Publikation ist in der Deutschen Nationalbibliografie verzeichnet.
Mehr Informationen dazu finden Sie unter http://dnb.dnb.de.

ISBN 978-3-258-08079-6

Gestaltung: pooldesign, CH-Zürich
Lektorat: Ruthild Kropp und Regine Balmer

Wünschen Sie regelmäßig Informationen über unsere neuen Titel im Bereich Garten und Natur? Möchten Sie uns zu einem Buch ein Feedback geben? Haben Sie Anregungen für unser Programm? Dann besuchen Sie uns im Internet auf **www.haupt.ch**. Dort finden Sie aktuelle Informationen zu unseren Neuerscheinungen und können unseren Newsletter abonnieren.

INHALTSVERZEICHNIS

VORWORT

Dieses Buch stellt 50 außerordentliche Alpenpflanzen vor und zeigt, mithilfe welcher Strategien die verschiedenen Arten mit den unterschiedlichen Anforderungen der einzelnen Lebensräume zurechtkommen oder mit welchen anatomischen und physiologischen Spezialausstattungen diese Überlebenskünstler den harten Lebensbedingungen der Alpenwelt trotzen.

Um Einblicke in den Naturhaushalt dieser Spezialisten zu erhalten, war es nötig, umfangreiche Spezialliteratur auszuwerten sowie eigene Beobachtungen im Alpengelände hinzuzuziehen. An dieser Stelle ist es nur fair, einige Autoren zu nennen, die sich der mühsamen Arbeit im Alpengelände und im Labor unterzogen haben, um die Geheimnisse oder die Einrichtungen der verschiedenen Arten aufzuspüren, die es ihnen ermöglicht, dieses Abenteuer «Alpenleben» zu meistern: Josias Braun-Blanquet, Alexander Cernusca, Karl Wilhelm von Dalla Torre, Helmut Friedel, Helmut Gams, Kurt Haselwandter, Oswald Heer, Heinrich Jenny-Lips, Christina Körner, Walter Larcher, Walter Moser, Arthur Pisek, Carl Schröter, Jürg Stöcklin.

Mein besonderer Dank gilt meiner Frau, die mich auf zahlreichen Exkursionen begleitete und die auch die mühsamen Korrekturarbeiten übernahm.

Neben der Darstellung des «Leistungskataloges» der Pflanzen zur Bewältigung und Besiedlung der alpinen Räume darf die Schönheit der Alpenblumen nicht in den Hintergrund treten. Um die Pracht der Alpenpflanzen zu demonstrieren, sind exzellente Farbzeichnungen das beste Mittel. Sowohl der Habitus oder die gesamte Gestalt einer Pflanze, als auch die Details einer bizarren Blütenform, wie z. B. die der Teufelskralle, können in einer Farbzeichnung wesentlich wirklichkeitsnäher und für den Betrachter wiedererkennbarer dargestellt werden, als ein Foto es vermag.

Am Originalstandort stört immer ein Hintergrund, der ablenkt, meistens ist das Sonnenlicht viel zu hart, sodass die Schattenpartien im Schwarz versinken, und der Wind sorgt dafür, dass die Pflanze ordentlich verwackelt oder dass eine offene Blende mehr als zwei Drittel der Pflanze in der Unschärfe verschwinden lässt.

Außerdem gibt es fast nie eine Pflanze in «Kamerareichweite», die in allen ihren Teilen idealtypisch erscheint und so als Musterbeispiel ihrer Art dienen kann. Mal ist hier ein Blatt nicht so schön und angefressen, mal ist dort die Blüte schon etwas über «ihre Jugendfrische hinaus».

Ganz entscheidend für die Zeichnung sprechen aber auch die Möglichkeiten der Farbgebung durch Pigmentfarben. Jeder, der einmal versucht hat, die Tiefe eines Enzianblau,s z. B. *Gentiana nivalis,* zu ergründen und nachzustellen, wird sehr schnell an die Grenzen der fotografischen Farbgebung stoßen.

Der Zeichner nimmt sich Zeit; zwei bis drei Tage nähert er sich dem Pflänzchen an und versucht, seine Gestalt und den «Charakter» zu ergründen. Der Wanderer kommt und sieht von oben, bestenfalls geht er in die Hocke; der Zeichner nähert sich in Augenhöhe.

Das ist anerkanntermaßen die beste Position für ein Porträt: Mit Muße und Genauigkeit und auf Augenhöhe.

Gelting und München im Februar 2019
Dr. Thomas Schauer, Stefan Caspari

PAYNESGRAU, NEAPELGELB UND HOOKERSGRÜN

Diese drei Farben sind die wichtigsten Helfer für ein schönes, natürliches Blattgrün. Sie und alle anderen Farben begleiten mich, seit sie mir mein Vater vorgestellt hat, als ich etwa vier Jahre alt war. Aufgewachsen in einem Künstlerhaus, waren Malerei und Farben stets und immer ein Teil von mir, unabhängig von meiner jeweils aktuellen Profession.

Und immer verspürte ich den Wunsch, das, was ich sehe, genauso, wie ich es sehe, möglichst «verlustfrei» abzubilden. Schnell wurde mir klar, dass ich dafür erst einmal das, was ich malen will, begreifen muss, und zwar nicht nur in der äußeren Form, sondern auch in der statisch-ästhetischen Funktionalität. Dabei muss ich mich frei halten von persönlichen oder gesellschaftlichen Mystifizierungen oder Rollenzuweisungen. Erst dann ist eine Pflanze nicht mehr «niedlich» oder sagenumwoben, erst dann kann ich die ihr innewohnende, eigene Schönheit erkennen, ohne sie als Künstler neu erfinden oder mit neuen Attributen belegen zu müssen.

Dann steht sie plötzlich da, die vergleichsweise winzige blaue Primel *Primula glutinosa* und auf einmal schwebt in der ganzen Wohnung ein unglaublich feiner, vorher noch nie dagewesener Duft von diesem einen Pflänzchen. Und nacheinander kommen sie alle zu mir, die meistens relativ zierlichen «Überlebenskünstler» aus den Alpen. Ich bin ergriffen und ich nähere mich ihnen mit Respekt und auf Augenhöhe und natürlich auch mit Paynesgrau, Neapelgelb und Hookersgrün.

Stefan Caspari

EINLEITUNG

Extreme haben den Menschen schon immer fasziniert. Ob Polargebiete oder Wüsten, ob Tiefsee oder Hochgebirge, außergewöhnliche Lebensbereiche erfordern außerordentliche Lebensformen und intelligente Anpassungen. Wenn Mensch, Tier und Pflanze in solchen unwirtlichen Standorten leben müssen, sind sie mit immensen Herausforderungen konfrontiert.

Die Alpen, die von den meisten Menschen heute als Erlebnis- und Erholungsraum, oft mit einer romantischen Vorstellung gekoppelt, empfunden werden, waren für die ersten Siedler ein Abenteuer, das zu bestehen war, um zu leben und zu überleben. Die damaligen Menschen mussten Pionierarbeit leisten und Strategien entwickeln, die es ihnen ermöglichten, mit den rauen Gegebenheiten der alpinen Räume fertigzuwerden. Erste Spuren mit Funden der ältesten Werkzeuge in den Alpen stammen aus der Grotte du Vallonet am Rande der Südwestalpen. Altersdatierungen haben ergeben, dass die Funde eine Million Jahre alt sind. Weitere Werkzeugfunde aus der Zeit zwischen 40 000 und 70 000 Jahren vor Christus im Simmental in der Schweiz geben Hinweise auf die Siedlungstätigkeit des Menschen im Alpenraum. Erst am Ende der letzten Eiszeit, der Würmeiszeit vor etwa 10 000 Jahren, wurden die Alpen für die damaligen Menschen als Siedlungsraum attraktiver. Im sogenannten Neolithikum (Jungsteinzeit), etwa 5000 Jahre vor Christus, begannen die Menschen, auch in die Täler einzudringen. So richtig in Schwung kam die Siedlungstätigkeit mit der Weidewirtschaft und dem Kupferabbau erst in der Bronzezeit, etwa 2000 Jahre vor Christus.

Doch nun zur Pflanzenwelt der Alpen. Auch die Pflanzen mussten geeignete Strategien zur Besiedelung der Alpen entwickeln, als diese vor vielen Millionen Jahren im Tertiär allmählich herausgehoben wurden. Der Reichtum an Pflanzen in den Alpen besticht jeden aufmerksamen Bergwanderer. Im übrigen Mitteleuropa gibt es sonst nur noch wenige vergleichbare Lebensräume und diese meist nur in kläglichen Resten, wie Magerrasen, Heideflächen, intakte Feuchtgebiete und Moore.

Die Vielfalt und der Pflanzenreichtum der Alpen erscheint fast widersprüchlich, wenn man die Widrigkeiten und Gefahren in den dortigen Lebensräumen betrachtet: extreme Kälte, Fröste, Stürme, lange Schneebedeckung, intensive Sonnenstrahlung, sommerliche Hitze, häufig in kurzem Abstand gefolgt von nächtlichen Frösten, oft auch Nährstoff- und Wassermangel. So betrachtet, erscheinen die Standorte des Alpenraumes für die Pflanzenarten wenig einladend. Dennoch wurden diese recht unterschiedlichen Räume bald nach der Eiszeit von den Pflanzen zurückerobert und dauerhaft besiedelt. Freilich harrten bereits während der Vereisungsphasen einige besonders hart gesottene Überlebungskünstler an klimatisch begünstigten Standorten aus. Auch im hohen Norden überstanden damals an sehr begünstigten Stellen, genannt Nunataker, einige Pflanzen.

Mit der Eroberung und Besiedlung eines neuen Lebensraumes beginnt erst die Arbeit, sich den klimatischen und sonstigen standörtlichen Widrigkeiten auf Dauer zu widersetzen. Auch der Wettbewerb mit anderen Arten ist von großer Bedeutung für das Gelingen einer Ansiedlung.

Das berechtigt in der Tat, die Alpenpflanzen als außergewöhnlich zu bezeichnen. Dies gilt natürlich nicht nur für die fünfzig aufgeführten Arten.

All diese vielfältigen Faktoren haben in einem langen Ausleseprozess in der Alpenflora eine erstaunliche Fülle von Spezialisten oder Lebenskünstlern hervorgebracht. Diese Arten können nur leben und überleben, weil sie mit Überlebensstrategien ausgestattet sind, die sie wiederum in einem langen Entwicklungsprozess (Evolution) und in einem harten Ausleseverfahren (Selektion) erworben haben.

Die heutige geografische Verbreitung der Alpenpflanzen ist das Ergebnis einer langen Vorgeschichte. Vier Beispiele für unterschiedliche geografische Verbreitung:

Oben links: Westalpen-Glockenblume *(Campanula alpestris)*, ein Endemit der Südwestalpen

Unten links: Dolomiten-Fingerkraut *(Potentilla nitida)* ist auf die Kalk- und Dolomitstöcke der Südalpen beschränkt.

Oben rechts: Zoys Glockenblume *(Campanula zoysii)*, ein Endemit der Südostalpen

Unten rechts: Sendtners Alpen-Mohn *(Papaver sendtneri)* ist in den Kalk- und Dolomitstöcken der Nordalpen verbreitet.

EINE KURZE GESCHICHTE DER ALPENFLORA

Im frühen Tertiär, also vor sechzig Millionen Jahren und später, herrschte auf der Nordhalbkugel, also auch in Europa sowie im Umfeld der entstehenden Alpen, ein subtropisches, feuchtes Klima, das bis in den Bereich der Südarktis reichte. Es herrschten subtropische Wälder vor, reich an Baumfarnen, Palmen, Lorbeergewächsen und Magnolien. Im Norden, in der heutigen Arktis, schloss sich ein Mischwald aus Laub- und Nadelbäumen an.

Etwa vor dreißig Millionen Jahren änderte sich allmählich diese Situation einer warmen, frostfreien Welt. Zum einen begann das Klima kälter zu werden, zum anderen wurden die Alpen langsam, aber stetig stärker herausgehoben. Neue Lebensräume mit anderen Lebensbedingungen entstanden. Den Pflanzen blieb nichts anderes übrig, als auszuwandern oder sich in einem langen Prozess an die geänderten Verhältnisse der Umwelt anzupassen. Um den sich neu anbietenden, zunächst noch von Konkurrenten freien Raum der Alpen zu erobern, mussten die zukünftigen Gebirgsarten (Oreophyten) «lernen», wie man mit den täglichen Temperaturschwankungen und vor allem mit den Frösten umzugehen hat. Sie mussten auch lernen, dass es im Jahr Zeiten der aktiven Phase mit Fotosynthese, Wachstum und Blütenbildung gibt, die von einer winterlichen Ruheperiode unterbrochen wird.

Es war für die damalige Pflanzenwelt der Alpen, deren Auffaltung und Heraushebung sich über viele Millionen Jahre hinzog, eine turbulente Zeit. Dabei kam es durch natürliche Kreuzungen (Hybridisierung) oder durch Mutationen wie Chromosomenverdoppelungen zur Bildung neuer Gebirgssippen. Das Kleine Alpenglöckchen *(Soldanella pusilla)* ist eine der wenigen Arten, die damals im Tertiär in den Alpen entstanden sind. Zudem wanderten bereits damals «höhentaugliche» Arten aus anderen Gebirgen und Hochsteppen Asiens oder auch aus Afrika in die Alpen ein und bildeten mit vorhandenen Arten den tertiären Grundstock der Alpenflora.

Zu den Einwanderern aus Zentral- und Ostasien – dem Zentrum der artenreichen Gattung Enzian *(Gentiana)* – sind zudem noch zu nennen: Alpenrose *(Rhododendron),* Edelraute *(Artemisia),* Mannsschild *(Androsace)* oder Steinbrech *(Saxifraga).* Aus dem Mittelmeerraum wanderten Arten oder deren Vorläufer der Gattungen Hauswurz *(Sempervivum)* und Kugelblume *(Globularia)* ein. Aus Afrika gesellte sich in den Reigen der Alpenpflanzen die Zwerg-Alpenrose *(Rhodothamnus chamaecistus)* ein. Zum Ende des Tertiärs setzte eine deutliche Abkühlung ein und wurde den wärmeverwöhnten tropischen Arten zum Verhängnis. Die Zuwanderer aus höheren Regionen konnten sich umso besser ausbreiten.

Nach dem Tertiär folgte das Quartär. In diesem Zeitabschnitt fanden auf der Nordhalbkugel und somit auch in Europa die großen Vereisungen mit Unterbrechungen (Zwischeneiszeiten) statt. Es gab mindestens fünf große Eiszeiten, die im Süden nach süddeutschen Flussnamen wie Günz, Mindel oder Würm, im Norden nach norddeutschen Flussnamen wie Elbe, Weser etc. benannt werden.

In diesen Eiszeiten der letzten zwei Millionen Jahre wurde die artenreiche Flora schließlich nochmals durchgeschüttelt und verändert. Vor dem Einsetzen der großen Eiszeiten hatten viele Pflanzen im damaligen Alpenraum eine größere Ausdehnung und bildeten meist zusammenhängende Areale. Durch die Zunahme der Vereisungen wurden die Verbreitungsgebiete vieler Arten und Gattungen in isolierte, abgesonderte Teilareale zersplittert. Ein Genaustausch mit den anderen Populationen war dadurch unterbunden. Somit konnte in diesen isolierten Populationen eine eigene Entwicklung einsetzen,

Eine vergletscherte Alpenlandschaft. Ausapernde Moränen und Schotterflächen werden im Laufe vieler Jahrzehnte nach und nach von Pflanzen besiedelt. Nur wenigen Arten gelingt es, sich in den hochalpinen Räumen anzusiedeln. Nach dem Abschmelzen des Eises nach der letzten Eiszeit stellte sich für die damalige Pflanzenwelt für den (fast) ganzen Alpenraum eine ähnliche Situation.

die allmählich zu größeren und auch genetisch fixierten Merkmalsunterschieden führte. Viele der tertiären Gebirgsarten starben aus. Einige konnten sich in klimatisch begünstigte Räume, sogenannte Refugien (Zufluchtsräume), besonders am Alpensüdrand herüberretten. Den ganz «tüchtigen», frostresistenten Pflanzen gelang es auch, an unvereisten Bergflanken im Bereich der Talgletscher oder an eisfreien Gipfeln und Graten (Nunataker) zu überleben. Diese Überlebenskünstler trugen sicherlich dazu bei, dass es in einer relativ kurzen Zeit, etwa 12 000 Jahren nach der letzten Eiszeit, zur raschen Wiederbesiedlung der Alpen kam.

Trotz größerer Verluste während der Eiszeiten verarmte die Pflanzenwelt der Alpen nicht. Viele Arten des hohen Nordens und der übrigen Gebirgsstöcke Osteuropas und Asiens traten ihre großen Wanderschaften an, da es ihnen während der quartären Vereisung zu «ungemütlich» wurde. Die Arten aus dem hohen Norden, aus Skandinavien und der Arktis, wichen den nördlichen Eismassen aus und strebten nach Süden. Sie wurden allerdings von den querliegenden, in West-Ost-Richtung verlaufenden Alpen aufgehalten. Sie «mussten» also in den Zwischeneiszeiten im Flachland Mitteleuropas ausharren. In dem mitteleuropäischen Raum zwischen den nördlichen Eismassen und dem Alpengletscher trafen sich auch die «Klimaflüchtlinge» des Alpenraumes. In dem tundrenähnlichen, eisfreien Raum mit einer Nord-Süd-Ausdehnung von etwa 300 bis 400 km kam es zu Vermischungen der arktischen und der alpinen Flora. Nach dem Rückzug der Gletscher im Norden wie im Süden wanderten die Arten wieder in ihre alte Heimat oder in die neue Heimat, die für die nördlichen Gäste Alpen hieß. Auch einige ursprünglich alpigene Arten zog es nach dem hohen Norden. Pflanzengeografisch werden diese Arten alle als arktisch-alpine Arten bezeichnet.

Leichter hatten es die Arten in den Südalpen. Sie konnten den günstigeren Mittelmeerraum gut erreichen. Diese großen Wanderbewegungen, nämlich raus aus den vereisten Alpen und wieder zurück, wenn diese wieder besiedelbar wurden, wiederholten sich mehrmals. Denn es gab ja in den Alpen mehrere, oft lang andauernde Vereisungsperioden und mehrere dazwischenliegende eisfreie Zeiten von vielen Tausenden Jahren.

Zu den Pflanzenarten, die ursprünglich aus den nördlichen Breiten stammten, zählen unter anderem die Silberwurz *(Dryas octopetala)*, der Alpen-Mohn *(Papaver alpinum)*, der Gletscher-Hahnenfuß *(Ranunculus glacialis)*, die Alpen-Azalee *(Loiseleuria procumbens)*, auch Gamsheide genannt, und die zwergwüchsigen Kriech- oder Spalierweiden. Umgekehrt siedelten sich in den nördlichen Breiten ehemalige Arten des Alpenraumes an, so der Schnee-Enzian *(Gentiana nivalis)* und der Purpur-Enzian *(Gentiana purpurea)* sowie Arten aus dem Formenkreises des Frühlings-Enzians.

In der Zwischeneiszeit, vor der letzten großen Vereisung der Würmeiszeit, gelangte die Zirbe *(Pinus cembra)* aus den Wäldern und Steppen Sibiriens in die Alpen. Im Postglazial, also nach den bekannten Eiszeiten, erreichte das Edelweiß *(Leontopodium alpinum)*, das Wahrzeichen der Alpen, aus den Bergsteppen Hochasiens und aus dem Altai kommend, die Alpen.

Ohne das «Durchhaltevermögen» der damaligen Alpenflora auf den verschiedenen, eisfrei gebliebenen Reliktstandorten hätte eine postglaziale Wiederbesiedlung des Alpenraumes in so kurzer Zeit (etwa 12 000 Jahre) nicht stattgefunden. Freilich sind durch die vielen Vereisungsperioden unzählige Arten der ursprünglichen Vegetation ausgestorben.

Heute erleidet allerdings die Pflanzenwelt der Alpen in weit kürzerer Zeit eine Dezimierung durch den Menschen, der die ursprünglichen und naturnahen Lebensräume der Pflanzen und auch der Tiere durch den «Fortschritt» der Technik nach und nach zunichtemacht.

Auf kurzer Distanz wechseln in den Alpen verschiedene Lebensräume wie Bergwiesen, Grünerlengebüsch, lange schneebedeckte Schuttfluren und Felswände ab.

GEBIRGSPFLANZEN FÜR VIELFÄLTIGE LEBENSRÄUME

Für viele Arten stellt ihre Ansiedlung in den Alpen aufgrund der riesigen Standortvielfalt eine große Anforderung dar, denn sie müssen sich anpassen und diverse Schwierigkeiten überwinden. Die Lebensbedingungen verändern sich vom Talbereich bis in die höheren Gipfelregionen drastisch. Pro einhundert Höhenmeter sinkt die Durchschnittstemperatur um etwa 0,6 °C, damit verkürzt sich auch die Vegetationszeit jeweils um ein bis zwei Wochen. Wenn die jährliche Durchschnittstemperatur unter 5 °C sinkt, stellen die Bäume ihr Wachstum ein.

Wie jeder Bergwanderer beobachten kann, lichtet sich der Bergwald mit zunehmender Meereshöhe und endet schließlich in einer Höhe – in den randlichen Gebirgszügen (Nord- und Südalpen) etwa bei 1800–1900 m und in den zentralen Gebirgsstöcken bei etwa 2200–2400 m. Man bezeichnet diesen Bereich als Waldgrenze. Einige krüppelhafte Bäume wagen sich in der sogenannten Kampfzone des Waldes noch ein Stückchen höher.

Ist den Bäumen im Bereich der Waldgrenze eine Vegetationszeit von 100–120 Tagen im Jahr vergönnt, so müssen sich die Gräser und Kräuter in den Hochlagen bei etwa 3000 m mit sechzig Tagen begnügen. In diesen Höhen ist in jeder Zeit des Jahres mit Frost zu rechnen. In den Sommermonaten herrschen große Temperaturunterschiede zwischen Tag und Nacht. Durch die Zunahme der Strahlungsintensität in großen Höhen, mit der so mancher Bergsteiger leidvolle Erfahrung gemacht hat, erhitzt sich die Bodentemperatur im Sommer oft auf 50 °C und mehr. Damit gelangen die Pflanzen oft an ihre Grenzen der Hitzeresistenz. Dagegen sinkt im Winter die Lufttemperatur immer wieder unter –40 °C. Von diesen extremen Frösten bleiben zwar die Pflanzen der Mulden und windgeschützten, meist ebenen Standorte verschont, die über viele Monate des Jahres von einer dicken Schneedecke bedeckt sind. Bei einer Lufttemperatur von –33 °C beträgt die Bodentemperatur unter einer 35 cm hohen Schneedecke jedoch immer noch um die 0 °C. Aber bei einer stark verkürzten Aperzeit verbleiben den sogenannten Arten der Schneetälchen oder Schneeböden nur wenige Wochen, um das Hauptgeschäft des Jahres zu verrichten, nämlich zu wachsen, Nähr- und Reservestoffe anzureichern, zu blühen und zu fruchten.

Wachstum und Stoffproduktion kommen nur zustande, wenn die Pflanzen ihre «grüne Fabrik», also ihre Assimilationsorgane für die Fotosynthese, in Gang setzen können. Dies erfordert neben ausreichender Lichtintensität eine Mindesttemperatur. Zum Glück sind die Gebirgspflanzen bereits bei einer Temperatur von –5 °C zu einer bescheidenen Fotosyntheseaktivität fähig. Optimalen Energiegewinn erzielen sie erst bei einer Temperatur von etwa 15–20 °C. Bei starker Kälte, aber auch bei Überhitzung, erlischt die Fotosyntheseleistung und gleichzeitig nehmen die Atmung und damit der Stoffabbau zu.

Auch die Pflanzen «schnappen» nach Luft, in je höheren Lagen sie leben. Denn mit steigender Meereshöhe wird die Luft dünner. Nicht nur der Sauerstoff (genauer der Partialdruck des Sauerstoffs) nimmt ab, sondern auch der Gehalt an Kohlenstoffdioxid ist, je nach Höhe, um zwanzig bis vierzig Prozent niedriger. Doch CO_2 benötigt die Pflanze bei der Fotosynthese, es ist gleichsam das Grundgerüst für den Aufbau von Zucker, Stärke, Zellulose und sonstigen Kohlehydraten. Um das Defizit an Kohlenstoffdioxid auszugleichen, ist die Leistungsfähigkeit des Fotosyntheseapparates der Gebirgspflanzen wesentlich größer.

Im Laufe vieler Jahrzehnte entwickelten sich auf steinigen Böden blumenreiche Rasen mit Alpen-Aster *(Aster alpinus)* und Trauben-Steinbrech *(Saxifraga paniculata).*

Feuchtwiese mit Trollblume *(Trollius europaeus)* und Eisenhutblättrigem Hahnenfuß *(Ranunculus aconitifolius)*

Bei einer kälteren Bodentemperatur in den Hochlagen ist die Aktivität der Mikroorganismen reduziert. Damit verzögern sich auch der Abbau der Pflanzenstreu und schließlich die Humusbildung. Um dem Mangel an Nährstoffen, wie Nitraten und Phosphaten, zu begegnen, bedienen sich die meisten Gebirgspflanzen der Symbiose mit Pilzen (Mykorrhiza genannt) und mit Bakterien. Zudem entwickeln die Gebirgspflanzen ein weit größeres Feinwurzelsystem. Die Gesamtlänge der Feinwurzeln einer Gebirgspflanze beträgt oft über 20 m, was etwa vier- bis fünfmal so lang ist wie das Wurzelsystem einer Talpflanze. Damit kann die Pflanze die spärlichen Nähr- und Mineralstoffe und auch die Wasserreserven des Bodens besser ausnutzen.

Pflanzen der wind- und sturmexponierten Standorte, wie Windkanten und Grate, haben es in den Hochlagen besonders schwer. Recht drastisch wird dem Bergsteiger die Wirkung des Windes an einzeln stehenden, «windgepeitschten» Wetterbäumen an der Wald- und Baumgrenze vorgeführt. Die Arten der windexponierten Lagen haben im Sommer wie im Winter unter der Schleifwirkung der Sand- und Eiskristalle zu leiden. Hier heißt es, sich klein zu machen und sich flach an den Boden zu drücken, wo die Windgeschwindigkeit deutlich geringer ist. Polster- und Spalierwuchs sind die geeigneten Anpassungsformen, um den Stürmen eine geringe Angriffsfläche zu bieten. Im Sommer macht diesen Pflanzen auch die austrocknende Wirkung des Windes zu schaffen. Um die Verdunstung oder Transpiration der Blätter möglichst klein zu halten, schließen die Arten ihre Spaltöffnungen (Blattporen, auch Stomata genannt). Spaltöffnungen sind winzige Poren, durch die die Pflanze Kohlenstoffdioxid für die Fotosynthese aufnimmt und Sauerstoff bei der Atmung abgibt. Diese porenartigen Öffnungen können je nach Bedarf geschlossen oder erweitert werden; damit kann die Pflanze die Wasserabgabe und die Verdunstung regulieren. Durch das Schließen der Spaltöffnungen ist allerdings die Aufnahme von Kohlenstoffdioxid stark blockiert. Gut ausgerüstet sind Arten wie Hauswurz mit fleischigen, sukkulenten Blättern, die ein Wasserreservoir anlegen können. Sie sind damit in der Lage, längere Durststrecken zu überbrücken. Auch eine starke, filzige

Die Alpen bieten allein schon aufgrund der unterschiedlichen Höhenstufen mit den unterschiedlichsten Klimaverhältnissen eine riesige Standortvielfalt: Über den Talwiesen beginnen die Hangwälder, darauf folgen höher gelegene Matten, hoch gelegene Rasengesellschaften (sogenannte Urwiesen) und Felsenwände, verschneite Gipfel, die nur im Sommer teilweise ausapern, beenden die Szenerie.

Behaarung, wie beim Edelweiß, schützt vor Austrocknung und zudem noch vor starker Sonneneinstrahlung.

Jede Gebirgsart hat in ihrem Lebensraum mit anderen lebensbedrohenden Einwirkungen zu kämpfen. Somit hat jede Pflanze eine andere auf sie zugeschnittene Strategie entwickelt, was man landläufig als Anpassung bezeichnet. Im Hauptteil des Buches sind die verschiedenen Formen der Strategien oder Anpassungen kurz dargestellt, aufgezeigt an fünfzig Arten als Beispiel für die Vielfalt an Möglichkeiten, die die Natur zu bieten hat.

Wenn der Begriff Anpassung fällt, so darf nicht geschlossen werden, dass heftige Stürme oder Fröste die Pflanzenarten dazu veranlasst haben, diese Wuchsform anzunehmen oder jene physiologischen, biochemischen Prozesse anzusteuern. Vielmehr konnten die Arten, die in ihren Erbanlagen im Besitz dieser (schlummernden) Fähigkeiten waren oder sind, in einem Ausleseverfahren (Selektion) diese Extremstandorte besiedeln. So hat zum Beispiel nicht das Weidevieh der Bergwiesen die Enzianarten dazu veranlasst, Bitterstoffe auszubilden, damit sie nicht gefressen werden, sondern diejenigen Pflanzen haben überlebt und konnten sich vermehren, die diese Bitterstoffe enthielten.

ÜBERLEBENSSTRATEGIEN FÜR UNTERSCHIEDLICHE STANDORTE

Die Florenvielfalt der Alpen ist eine «multikulturelle» Vergesellschaftung, deren Arten aus vielen Ländern und mehreren Kontinenten stammten. Eine Fülle an verschiedenen Standorten schuf die Voraussetzungen für eine große Artenvielfalt. Vielfältig und «einfallsreich» sind auch die Besiedlungs- und Überlebensstrategien der einzelnen Pflanzen, um die klimatischen Herausforderungen der Gebirgsstandorte zu meistern.

Anhand von fünfzig Pflanzenarten unterschiedlicher, meist hoch gelegener Lebensräume der Alpen sollen die ausgeklügelten Methoden oder Strategien aufgezeigt werden.

Für eine bessere Übersicht werden die vielfältigen Strategien, die die Pflanzen entwickelt haben, zunächst nach ihren Lebensräumen gruppiert. Damit sollen die Schwierigkeiten, mit denen die Pflanzen an den jeweiligen

Zwergstrauchheiden mit Alpenrosen im Bereich der Wald- und Baumgrenze

Standorten zu kämpfen haben, kurz aufgezeigt werden. Denn jeder Lebensraum, wie Schuttkare, Felsspalten oder Schneetälchen, bietet jeweils recht verschiedene Standortbedingungen, auf die sich die «Aspiranten» einstellen müssen.

Auch die geologische Unterlage der einzelnen Lebensräume spielt eine große Rolle für das Vorkommen der Arten. Pflanzen auf Kalk- und Dolomitstandorten haben mit anderen Schwierigkeiten zu kämpfen als Pflanzen auf saurem Silikatgestein. Die Kalkpflanzen müssen mit dem Überschuss an Kalzium fertig werden. Sie haben sich daher kalkausscheidende Drüsen an den Blättern «installiert». Auch sind die Nährstoffe in den Kalkböden stärker gebunden und können von den Pflanzen schwerer aufgenommen werden. Die Arten auf sauren Böden haben wiederum mit anderen Problemen zu kämpfen, in stark sauren Böden etwa ist die Aufnahme von Stickstoff behindert. Deshalb hat sich jede Pflanzenart in einem langen Prozess an die speziellen Eigenschaften des Bodens angepasst, um sich im Konkurrenzkampf gegen andere Arten behaupten zu können. So gibt es Arten, die nur auf kalkreichen Böden wachsen, und andere, nah verwandte Arten, die nur auf sauren Standorten gedeihen. Solche Artenpaare nennt man vikariierende Arten. Als Beispiele sind zu nennen: der Schweizer Mannsschild auf Kalkfels und der Alpen-Mannsschild auf Silikatgestein oder die Bewimperte Alpenrose auf Kalk und die Rostblättrige Alpenrose auf kalkfreien Standorten.

Andere Pflanzenbeispiele zeigen Strategieformen, die nicht spezifisch an bestimmte Lebensräume gebunden sind. Hierher gehören die Strategien der Schmarotzer (Parasiten) und Halbschmarotzer (Halbparasiten), dann die Strategien der Symbiose, also des Zusammenlebens mit Pilzen und/oder Bakterien und schließlich als Vermehrungsstrategie die «Erfindung» einer ungeschlechtlichen Vermehrung.

Weitere raffinierte Überlebensstrategien haben die Bärlappe und Farne entwickelt. Als Sporenpflanzen haben sie seit Millionen von Jahren ihre eher altertümliche Art der Vermehrung beibehalten – ein Zeichen dafür, dass ihre «Taktik» funktioniert.

Eine weitere Gruppe hat Eingang ins Buch gefunden, obwohl es sich bei diesen Arten gar nicht um Pflanzen im strengen Sinn handelt: die Flechten. Flechten sind Doppelwesen. Sie bestehen als eine Dauergemeinschaft aus Pilz und Algen. Sie können wie Bärlappe, Farne oder die meisten Blütenpflanzen Fotosynthese betreiben und somit autotroph leben. In diesem Buch über Pflanzen sind sie etwas fremd, aber sie faszinieren durch ihre außerordentliche Fähigkeit, die unwirtlichsten Substrate zu besiedeln und über einen langen Zeitraum Kälte sowie Trockenheit zu trotzen. Es sind wahre Meister der Besiedlung von Extremstandorten und darum werden sie im letzten Kapitel am Schluss des Buches aufgeführt.

Selbstverständlich beschränken sich die verschiedenen Strategien, wie die Fähigkeit zur Symbiose, nicht nur auf die beispielhaft aufgeführten Arten. Die verschiedenen Pflanzenarten haben im Laufe der Evolution ein ganzes Strategiebündel erworben. Aus diesem reichhaltigen Angebot der Strategieformen können sich die Arten, je nach Bedarf, bedienen. Die Komplexität der entwickelten Strategien ist sehr groß und oft nur ansatzweise erforscht.

Eine Sonderstellung nehmen jene Alpenpflanzen ein, die seit alters her vom Menschen, gleich für welche Zwecke, begehrt und genutzt wurden, und oft auch heute noch durch Übernutzung in ihrer Existenz bedroht sind. Eine Strategie gegen den Raubbau durch den Menschen zu entwickeln, ist den Pflanzen allerdings nicht gelungen.

Höhenmäßige Abstufung der Lebensräume von unten nach oben: ausgedehnte Matten und Bergwiesen, Schuttkare und Felswände

1

ZIRBENWALD UND ZWERGSTRAUCHHEIDEN

Die Zirbe bildet zusammen mit der Lärche, vor allem in den niederschlagsarmen und kontinentalen Teilen der Inneralpen, die obere Grenze des Bergwaldes. Im Unterwuchs dieser Wälder breiten sich Zwergsträucher wie die Rostblättrige Alpenrose und andere verholzte Beerensträucher aus. Diese Zwergsträucher gehen auch über die Waldgrenze hinaus. Am höchsten wagt sich die Alpen-Azalee, die als spalierartiger Zwergstrauch noch in 3000 m Höhe ausgedehnte Teppiche bildet.

Die Zirbe, ein charakteristischer Hochgebirgsbaum, bildet in den Zentralalpen mit der Lärche die Waldgrenze.

Arten

- Zirbe oder Arve *(Pinus cembra)*
- Rostblättrige Alpenrose *(Rhododendron ferrugineum)*
- Bewimperte Alpenrose *(Rhododendron hirsutum)*
- Alpen-Glockenblume *(Campanula alpina)*
- Alpen-Azalee oder Gamsheide *(Loiseleuria procumbens)*

Strategien

- Strategien gegen extreme Fröste: Frostabhärtung und Erwerb einer winterlichen Frosttoleranz.
- Strategien gegen Austrocknung und Verdunstung: Ausnutzung der winterlichen Schneebedeckung, Anpassung der Wuchsform an windexponierten Standorten.

Zirbe oder Arve

{*Pinus cembra*}

Familie Föhrengewächse (Pinaceae)

Porträt

Die Zirbe oder Arve ist ein hochstämmiger Baum an der Wald- oder Baumgrenze der Alpen. An günstigen Standorten erreicht sie maximal 25 m Höhe. Von den heimischen Kiefernarten unterscheidet sie sich vor allem durch Kurztriebe mit je fünf dreikantigen, zugespitzten, etwa 5–9 cm langen Nadeln, die bis zu vier Jahre alt werden können. Die männlichen Blütenstände sind eiförmig, etwa 10–15 mm lang, gelb oder rot gefärbt. Die weiblichen, violett gefärbten, etwa 10 mm langen Blütenstände stehen aufrecht an kurzen Stielen, meist an der Spitze junger Triebe. Die Blütezeit ist Mai bis Juni.

Im ersten Jahr erreichen die Zapfen nur die Größe einer Walnuss. Erst im zweiten Jahr reifen die eiförmigen Zapfen zu einer Länge von 5–8 cm heran. Unreif sind sie grünlich und violett überlaufen, im reifen Zustand werden sie zimtbraun. Jede Zapfenschuppe birgt zwei dicke, ungeflügelte, haselnussgroße Samen, die sowohl vom Menschen wie vom Tannenhäher geschätzt werden. Letzterer trägt zur Verbreitung der Zirbe bei, da er nicht mehr alle Samen findet, die er im Boden als Wintervorrat versteckt hat. So gelangen mitunter Zirbensamen in größere Höhen, was durch Windverbreitung bei dem Gewicht der Samen niemals möglich wäre.

Ein Baum, der den Höhenrekord bricht

Die Zirbe ist ein charakteristischer Hochgebirgsbaum. Zusammen mit der Lärche bildet sie in den kontinental getönten Teilen der Alpen die Waldgrenze. Diese Alpengebiete zeichnen sich durch geringere Jahresniederschläge und sehr kalte Wintermonate aus. Man unterscheidet zwischen einer oberen alpinen Waldgrenze, an der die Bäume mehr oder weniger geschlossene Bestände bilden, und einer Baumgrenze, an die sich die Bäume gerade noch vorwagen. Der Bereich zwischen Waldgrenze und der etwa 100 bis 200 m höher liegenden Baumgrenze bildet die Kampfzone des Gebirgswaldes. In dieser Zone löst sich der Zirbenwald jedoch nicht in Einzelbäume auf, sondern die Bäume stehen in kleineren Gruppen beieinander, wodurch ein günstiges Mikroklima entsteht. Einzeln stehende Altbäume sind meist auf menschliche Eingriffe zurückzuführen, wie Rodungen des übrigen Bestandes zur Weidegewinnung. Wenn man weiter nach oben steigt, nehmen die Gehölze nur noch gedrungenen Zwergwuchs an.

Die Zirbe lebt vor allem in den zentralen Gebirgsstöcken mit den größten Massenerhebungen. Die Obergrenze liegt etwa bei 2600 m Höhe, die Untergrenze bei etwa 1200 bis 1400 m. In tieferen Lagen ist die Zirbe meist angepflanzt. Den Höhenrekord bildet ein etwa 120 cm hohes Zirbenstämmchen im Wallis bei 2850 m.

Boden und Partner

Die Zirbe kommt sowohl auf Kalkgestein wie auf Silikatgestein vor. Dank ihrer Widerstandsfähigkeit gegenüber Klimaextremen, wie sie in den kontinental geprägten, meist silikatischen Zentralalpen herrschen, kann sie sich auch dort behaupten. In klimatisch günstigeren Lagen wird die Zirbe von der Fichte und anderen Baumarten verdrängt.

Die auf sauren Böden wachsende Rostblättrige Alpenrose bildet in Lärchen-Zirbenwäldern meist ausgedehnte Bestände. Sie ist auch in den Lärchen-Zirbenwäldern der Kalkstöcke verbreitet. Die Nadeln der Zirbe und der Lärche liefern nämlich sauren Rohboden, der von der kalkliebenden Bewimperten Alpenrose gemieden, aber von der Rostblättrigen Alpenrose bevorzugt wird.

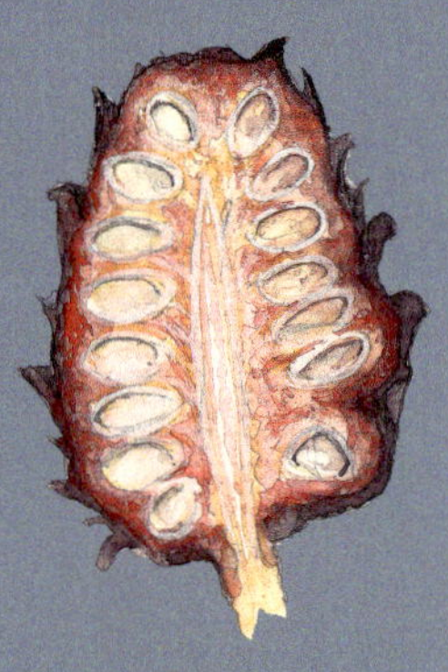

Die Zirbe, ein charakteristischer Hochgebirgsbaum, bildet in den Zentralalpen mit der Lärche die Waldgrenze.

Durch Rodung entstandene Alpweide. Heute existieren oft nur noch kleine Restbestände eines ehemals geschlossenen Zirbenwaldes.

Die Lärche ist ein lichtbedürftiger, frostresistenter Baum der Hochlagen. Er verträgt allerdings keine stärkere Beschattung durch dichte Zirbenbestände.

Solange diese Wälder von Licht durchflutet sind, ist die Lärche im Vorteil. Nach und nach wird sie von der schattenertragenden Zirbe verdrängt. Im Unterholz der zunehmend schattigen Zirbenwälder mit dichtem Kronenschluss wird die Alpenrose durch die Heidelbeere ersetzt.

Gefährdung durch den Menschen

Die Zirbe, ein extrem langsam wachsender Baum, lieferte immer schon begehrtes Bau- und Möbelholz. Der Bestand der Zirbe ist daher gefährdet. Heute fressen sich zudem noch Anlagen von Ferienwohnungen immer weiter in diese «romantischen» Bergregionen der Zirbenwälder hinein.

Weitere Flächen der ursprünglichen Wälder werden für Anlagen von Skipisten geopfert. Die Zirbe ist auf das Zusammenleben (Symbiose) mit einer Reihe von Pilzen wie Fliegenpilz, Rotbrauner Milchling oder Zirbenröhrling angewiesen. Diese Mykorrhizapilze fördern zudem luftstickstoffbildende Bakterien im Wurzelraum des Baumes. Eine Wiederansiedlung der Zirbe auf ehemaligen Rodungsflächen bereitet häufig große Schwierigkeiten, denn auf diesen degradierten Böden sind die symbiontischen Mykorrhizapilze meist verschwunden. Ohne sie ist die Zirbe jedoch vor allem in höheren Lagen nicht lebensfähig.

Herkunft und Verbreitung

Die Zirbe stammt aus Südsibirien und den Bergsteppen Hochasiens. Sie ist während der Eiszeit über die Karpaten in die Alpen eingewandert. Im nordöstlichen Russland und in Sibirien kommt sie als eigene Unterart, als *Pinus cembra* subsp. *sibirica* vor.

Die Zirbe braucht viel Zeit zum Wachsen

Bei den kargen Lebensbedingungen mit extremen Winterfrösten und kurzen Zeitspannen des Wachstums von wenigen Monaten ist dies kein Wunder. Selbst an etwas günstigeren Standorten, etwa bei einer Höhenlage von 2000 m, erreicht die Zirbe nach einhundert Jahren erst eine Höhe von 12 m. Ein 20 m hoher Baum hat bereits zweihundert Jahre hinter sich. Eine Zirbe kann achthundert Jahre und mehr alt werden. Zur Blüten- und Zapfenentwicklung gelangt sie erst nach fünfzig bis sechzig Jahren, und nur alle vier bis sechs Jahre findet eine Samenproduktion statt. Von den Samen sind dann nur etwa fünf Prozent keimfähig.

Ein Zirbenwald nahe der Waldgrenze. Die älteren Exemplare können auf ein Lebensalter von über 200 Jahren zurückblicken.

Die Kunst der Anpassung durch Abhärtung

Wachstum – einfach ausgedrückt – bedeutet für die Pflanze Stofferwerb durch Fotosynthese. Die optimale Temperatur der Aufnahme von Kohlenstoffdioxid liegt bei der Zirbe zwischen 10 und 15 °C. Erst bei etwa –4 °C, wenn das Wasser in den Nadeln ausfriert, erlischt die Fähigkeit der Stoffproduktion. Die Pflanze begibt sich, zumindest was das Wachstum betrifft, in Winterruhe. Jedoch sind noch gewaltige physiologische Hürden zu bewältigen, um die Wintermonate zu überleben. Etwa Mitte September sind die Zirbennadeln nur bis –7 °C frostresistent. Für die kommenden Wintermonate muss sich der Baum auf Minustemperaturen von über –40 °C einstellen. Wie langjährige Untersuchungen ergeben haben, erreicht die Zirbe etwa Anfang November eine Frosttoleranz von –31 °C, die im weiteren Verlauf bis auf etwa –42 °C steigt. Dieser Prozess der Abhärtung wird durch das Einsetzen der Frostwetterlagen und durch den Rückgang der Tageslängen gesteuert. Eine zusätzliche, lichtabhängige Steuerung ist schon deshalb nötig, da sonst eine kurzfristige Erwärmung im Spätherbst eine erworbene Abhärtung rückgängig machen würde. Die Abhärtung geschieht durch eine aktive Vermehrung der Zuckergehalte aus Saccharose, Glukose, Fruktose und anderen Zuckerarten, wodurch sich die Konzentration des Zellsaftes erhöht. Zudem wird das Wasser der Zellen in die Hohlräume zwischen den Zellen verlagert, sodass Zellschädigungen durch Eisbildung vermieden werden.

Mit zunehmender Erwärmung und Zunahme der Tageslängen im Frühjahr nimmt der Grad der Abhärtung nach und nach wieder ab. Allerdings verzögern langandauernde Frosttage den Prozess der abnehmenden Frosttoleranz.

Rostblättrige Alpenrose

{*Rhododendron ferrugineum*}

Familie Heidekrautgewächse (Ericaceae)

Porträt

Die Rostblättrige Alpenrose ist ein stark verzweigter, immergrüner, 30–130 cm hoher Strauch mit graubraun berindeten Zweigen. Die oberseits dunkelgrünen, glänzenden, lederigen Blätter sind an den Zweigenden gehäuft. Sie sind eiförmig, 1,5–3,5 cm lang und 0,5–1 cm breit. Der Blattrand ist nach unten umgerollt. Die Blattunterseite, die dicht mit dachziegelig übereinandergreifenden Drüsenschuppen besetzt ist, erscheint bei jungen Blättern gelbgrün, bei älteren Blättern rostbraun.

Diese rundlichen (mit der Lupe gut erkennbaren) Drüsenschuppen sondern ein Harz sowie einen Duftstoff ab und setzen die Verdunstung des Blattes herab. Die Blätter werden im Frühjahr nach der Schneeschmelze gebildet: Sie verbleiben etwa zwei Jahre lang am Strauch und fallen im darauffolgenden Herbst ab.

Zur Blütezeit von Juni bis Juli sitzen sechs bis zehn (manchmal bis zu zwanzig) leuchtend rote Blüten an den Zweigenden. Die trichterförmige Blütenkrone ist außen vereinzelt mit gelblichen Drüsenschuppen besetzt, im Inneren ist die Krone mit kurzen, weißen Haaren ausgekleidet.

Die fünfklappig aufspringende, verholzte Fruchtkapsel streut im Spätherbst oder auch erst im Winter zahlreiche, winzige, extrem leichte Samen aus, sie wiegen nur 0,025 mg. Erst 40 000 Samen ergeben ein Gewicht von 1 g. Sie werden durch den Wind verbreitet. Die Samen lassen sich zur Keimung viel Zeit, vielfach keimen sie erst im zweiten oder dritten Jahr.

Bestäubt wird die Blüte der Rostblättrigen Alpenrose durch langrüsselige Hummeln. Die Pflanze vermeidet eine Selbstbestäubung. Dies erreicht sie dadurch, dass zuerst die Pollen der Staubbeutel reifen, wenn die Narbe noch nicht bestäubungsfähig ist. Sie hat noch keine pollenfangenden Papillen ausgebildet. In einem späteren Stadium der Blüte sind die Pollen bereits durch nektarsuchende Insekten abgestreift. Die inzwischen empfängnisbereite Narbe kann durch den Pollen aus einer anderen Pflanze bestäubt werden. Gelegentlich kommt trotzdem auch Selbstbestäubung vor.

Zur Zeit der Blüte werden bereits die Blütentriebe für das nächste Jahr gebildet. Im Herbst sind in der Knospe bereits Blütenteile wie die Staubgefäße mit den Pollen ausgebildet. Die Samenanlagen sind jedoch erst während der Vollblüte im nächsten Jahr befruchtungsreif. Pro Blüte werden etwa 450 bis 650 Samen produziert. Davon entwickelt sich nur ein Viertel zu reifen, intakten Samen. Die übrigen tauben Samen bestehen nur aus der Samenschale. Die Rostblättrige Alpenrose kann sehr alt werden. Altersbestimmungen an dicken Stämmchen ergaben ein Alter von über einhundert Jahren.

Mitunter findet man an der Alpenrose sogenannte Alpenrosen-Äpfelchen; das sind kirschgroße, orangerote Auswüchse an den Blättern, die durch einen Pilz *(Exobasidium rhododendri)* erzeugt werden.

Lebensraum und Verbreitung

Die Rostblättrige Alpenrose besiedelt kalkfreie, saure, humose, tiefgründige Böden an schattigen Berghängen in einer Höhe zwischen 1500 und 2800 m. Sie bildet vor allem in lichten Fichten-, Lärchen- oder Zirbenwäldern den Unterwuchs oder die Strauchschicht aus. Als lichtliebende Art wird sie bei stärkerer Beschattung von der Heidelbeere *(Vaccinium myrtillus)* ersetzt. Sie übersteigt nur etwa um einhundert bis zweihundert Höhenmeter die Wald- oder Baumgrenze. Ausgedehnte, baumfreie Bestände der Alpenrose sind durch Rodungen entstanden, um Alm- oder

Alpweiden zu gewinnen. Die Pflanze ist, so prächtig das blühende Alpenrosenmeer erscheinen mag, für die Bergbauern ein Weideunkraut und wird daher immer wieder geschwendet, also mit der Sense oder maschinell mit einem Schlegelmäher beseitigt. Zudem ist die Alpenrose für Wiederkäuer giftig. Sie enthält das Diterpen Andromedotoxin, ein Gift, das auch für den Menschen schädlich ist. Schon ein Blatt oder eine Blüte kann Vergiftungserscheinungen verursachen, wie Übelkeit, Durchfall und Krämpfe. Auch der Blütennektar enthält das Gift. Die Wirkung von giftigem Ericaceen-Honig ist seit der Antike bekannt und wurde von Xenophon, Plinius oder Strabo beschrieben.

Die Rostblättrige Alpenrose ist eine süd-mitteleuropäische Gebirgspflanze. Verbreitet ist sie in den Alpen, den Pyrenäen, im Jura und im Apennin, in den Karpaten und auf der Balkanhalbinsel.

Nahe verwandt mit der Rostblättrigen Alpenrose ist die Bewimperte Alpenrose (siehe Seite 32). Sie kommt ausschließlich auf Kalkstandorten vor, während die Rostblättrige Alpenrose, ein charakteristischer Vertreter der bodensauren Zwergstrauchheiden, auf saures Substrat beschränkt ist. Beide bezeichnet man als ökologisch vikariierende Arten, da sie auf unterschiedlichen Standorten vorkommen und sich mehr oder weniger gegenseitig ausschließen. Allerdings trifft man häufig die Rostblättrige Alpenrose auch in Kalkgebieten, wenn sich dort eine Bodenschicht aus einer sauren Rohhumusschicht durch Latschennadeln gebildet hat.

Doch die Sache ist noch komplizierter: Oftmals wechseln auf kleinem Raum silikatreiche oder saure Standorte mit kalkreichen ab. Damit berühren sich auch die Areale der beiden Alpenrosenarten, sodass es häufig zu Kreuzungen und Bastardierung kommt. Das Kreuzungsprodukt heißt *Rhododendron intermedium*. Die morphologischen Merkmale stehen zwischen den Merkmalen der Eltern. Durch Rückkreuzungen entstehen in der Natur alle Übergangsformen von solchen mit überwiegenden Merkmalen der Rostblättrigen Alpenrose bis zu Formen mit überwiegenden Merkmalen der Bewimperten Alpenrose. *Rhododendron intermedium* bildet keimfähige Samen aus.

Durch Rodungen, um Weideland zu gewinnen, entstanden großflächige Alpenrosenbestände.

Ein Kampf mit Kälte, Frost und Wind

Die Rostblättrige Alpenrose ist zwar eine typische Alpen- und Gebirgspflanze, jedoch reagiert sie gegenüber Kälte, Frost und Wind recht empfindlich. Im Gegensatz zur Alpen-Azalee, in deren Spalierteppich ein eigenes Innenklima herrscht (siehe Seite 43), werden die Alpenrosensträucher vom Wind fast ungehindert durchblasen. Die windempfindliche Pflanze schließt bereits bei einer Windgeschwindigkeit von 15 m/s die Spaltöffnungen, um die Transpiration oder Verdunstung über die Blätter und damit den Wasserverbrauch zu minimieren. Auch die Assimilation wird eingestellt. Die saisonale Frostabhärtung im Spätherbst fällt bei Weitem nicht so intensiv aus wie bei der Zirbe, die im Winter bis zu –42 °C frostresistent wird (siehe Seite 27). Die Alpenrose erreicht nur eine winterliche Frostresistenz von etwa –15 °C bis maximal –27 °C. Sie besiedelt daher vorzugsweise nordseitige Hänge mit längerer Schneebedeckung.

Weitere Strategien zur Überwindung der Stresssituationen im Winter wie im Sommer sind bei der sehr ähnlichen Bewimperten Alpenrose (siehe Seite 35) zu finden.

Restbestände eines stark aufgelichteten Lärchenwaldes mit ausgedehnten Beständen der Alpenrose

Zwergstrauchheiden, Felsfluren, steinige Grasmatten wechseln sich auf kleinsten Räumen ab. Einige Zirben kennzeichnen die Kampfzone des Waldes. Im Hintergrund Schuttkare, Felswände, Firnfelder und Gletscher

Bewimperte Alpenrose

{Rhododendron hirsutum}

Familie Heidekrautgewächse (Ericaceae)

Porträt

Die Bewimperte Alpenrose (Behaarte Alpenrose) ist ein reich verzweigter, 20 bis 100 cm hoher Strauch mit rundlich eiförmigen, oberseits glänzend hellgrünen Blättern, deren Rand nicht wie bei der Rostblättrigen Alpenrose umgerollt, sondern durch lange, weiße Borsthaare bewimpert ist. Die Blätter sind wintergrün, das heißt, sie überdauern den Winter und werden im nächsten Frühjahr erneuert. Drei bis zehn Blüten sitzen dicht gedrängt an den Zweigenden. Die fünfzipfelige, hellrosafarbene bis intensiv karminrote, trichter- bis glockenförmige Krone ist außen mit gelblichen Drüsenschuppen besetzt. Die zehn ungleich langen Staubblätter sind am Grund weiß behaart. Die Blüten erscheinen etwa fünf bis sechs Wochen nach der Schneeschmelze. Die Blühphase dauert ungefähr drei Wochen. Die Bewimperte Alpenrose blüht etwa ein bis zwei Wochen später als die Rostblättrige Alpenrose in gleicher Höhenlage. Die Blüten erzeugen reichlich Nektar und Duftstoffe, um Hummeln, Bienen und Schwebefliegen zur Bestäubung anzulocken.

Lebensraum und Verbreitung

Die Bewimperte Alpenrose bevorzugt, im Gegensatz zur Rostblättrigen Alpenrose, sonnige, windgeschützte Felsbänder und steinige Hänge auf Kalk- und Dolomitgestein, häufig als Unterwuchs in Latschenbeständen in etwa 1200 bis 2600 m Höhe (gelegentlich auch tiefer). Sie tritt seltener in größeren, zusammenhängenden Reinbeständen auf als ihre Schwesterart.

Die Bewimperte Alpenrose ist ebenfalls eine süd-mitteleuropäische Gebirgspflanze, verbreitet ist sie in den nördlichen und südlichen Kalkketten der Ostalpen und erreicht ihre Westgrenze am Genfersee. Darüber hinaus kommt sie noch in der Hohen Tatra und im Illyrischen Gebirge vor. Im Jura und in den Karpaten ist die Art angepflanzt.

Überleben in Stresssituationen

Wie alle Heidekrautgewächse leben unsere Alpenrosen mit einem Mykorrhizapilz *(Hymenoscyphus ericae)* in Symbiose. Durch die Verpilzung der Alpenrosenwurzel wird die Mineralstoffversorgung mit Stickstoff, Phosphor und auch Eisen gefördert. Dies wirkt sich gerade auf den nährstoffarmen Böden wachstumsfördernd aus.

Beide Arten der heimischen Alpenrosen sind empfindlich gegenüber sommerlicher Hitze und Trockenheit sowie gegen Fröste im Winter und in der Vegetationsperiode. Die Überwindung dieser Stresssituationen im Winter und während der sommerlichen Vegetationsperiode soll hier dargestellt werden.

Die Klimabelastungen im Gebirge sind vielfältig, wie extreme Lufttemperatur, Wassermangel, Frost und Wind. Grundsätzliche Voraussetzung zum Überleben einer Pflanze sind Energie- und Stoffgewinn durch die Fotosynthese. Dazu braucht die Pflanze Licht, Wasser und günstige Temperaturverhältnisse.

Die Bewimperte Alpenrose vertritt die Rostblättrige Alpenrose auf Kalkstandorten. Wie alle Heidekrautgewächse leben auch die Alpenrosen in Symbiose mit Mykorrhizapilzen.

Oftmals wechseln saure oder silikatreiche Standorte mit kalkreichen auf kleinem Raum ab. Damit berühren sich die Standorte der beiden Alpenrosenarten, sodass es zu Kreuzungen und Bastardierung kommt. Das Kreuzungsprodukt heißt *Rhododendron intermedium.*

Sommerliche Hitze und Wassermangel

Bei Temperaturen von etwa –5 °C und tiefer und bei Hitze von 38 °C und mehr stellt die Bewimperte Alpenrose die Fotosynthese ein. Bei stärkerem Wasserverbrauch der Blätter durch Wind oder bei Wassermangel an flachgründigen, steinigen Standorten werden die Spaltöffnungen der Blätter geschlossen. Damit wird der Wasserverbrauch reduziert, aber gleichzeitig wird dadurch die Aufnahme des für die Fotosynthese wichtigen Kohlenstoffdioxids stark eingeschränkt. Lange Trockenzeiten wirken sich daher ungünstig auf das Wachstum aus. Auch hochsommerliche Temperaturen schädigen die Blätter. Toleriert werden Temperaturen der Blattflächen von über 40 °C. Die Alpenrosen haben die «Fähigkeit», innerhalb weniger Stunden, vermutlich durch Anhäufung von Hitzeschockproteinen, die Hitzeresistenz um 3–4 °C zu erhöhen. Junge Triebspitzen sind jedoch äußerst hitzeempfindlich.

Kälte und Frost

Die Alpenrosen haben noch eine weitere Hürde zu überwinden, nämlich Kälte und Frost. Die Höhe der Frosttoleranz ist in den Jahreszeiten unterschiedlich. Sie beruht bei den verschiedenen Alpenpflanzen auf artspezifischen, komplizierten Mechanismen im Protoplasma der Zelle. Neuere Untersuchungen haben sogenannte Frostschutzproteine, also spezielle Eiweiße, entdeckt, die – vereinfacht ausgedrückt – den Zellinhalt stabilisieren. Wenn im Spätherbst länger andauernde Fröste unter –6 bis –10 °C auftreten, beginnt die Phase der Abhärtung, die im weiteren Verlauf zu einer maximalen Frosthärte bei den Alpenrosen von bis zu –27 °C führt. Etwa ab April schwindet allmählich die Gefrierbeständigkeit.

Die kritische Phase nach der Schneeschmelze

Austreibende Sprosse der Alpenrose im Mai sind durch Spätfröste stark gefährdet. Junge Triebe frieren bereits bei –4 °C ab. Ältere Blätter aus dem Vorjahr halten bis zu –6 °C aus. Offene Blüten sind besonders frostempfindlich. Die Pflanze treibt zwar aus ruhenden Knospen Ersatztriebe und Blütentriebe aus, aber bei der langsamen Entwicklung erreicht der Alpenrosenstrauch erst nach zwei oder drei Jahren wieder die volle Blütenpracht.

Wassermangel im Winter

Der Winter bringt den Alpenrosen nicht nur Kälte und Frost, sondern er verursacht auch einen existenzbedrohenden Wassermangel. Aus gefrorenem Boden können die Pflanzen kein Wasser pumpen. Eine dicke Cuticula und geschlossene Spaltöffnungen der Blätter garantieren eine minimale Transpiration oder Verdunstung, dennoch gerät die Pflanze zuweilen in Bedrängnis. Als weitere Strategie stehen der Alpenrose Schutzmechanismen in Form von sogenannten Rhododendron-Dehydrinen zur Verfügung, die, gekoppelt mit der Frostresistenz, während der Winterruhe die Austrocknungsresistenz erhöhen.

Die Alpenrosen haben im Laufe ihrer Evolution vielfältige Strategien entwickelt, um den Lebensraum Alpen mit all seinen klimatischen und standörtlichen Widrigkeiten zu erobern. Trotz vieler Einblicke und intensiver Forschung über die Lebensweise und über die spezifischen Anpassungen der Alpenrosen bleiben immer noch viele Fragen offen, welche Raffinessen an Überlebensstrategien die Pflanzen außerdem zu bieten haben.

Alpen-Glockenblume

{*Campanula alpina*}

Familie Glockenblumengewächse (Campanulaceae)

Porträt

Die Alpen-Glockenblume ist eine Zierde der hoch gelegenen, bodensauren Magerrasen und steinigen Weiden der Ostalpen. Gleichsam wie die Miniaturausgabe eines Glockenturmes, der mit bis zu zwanzig blauen Glocken ausgestattet ist, sticht die Pflanze in den graugrünen, oft blütenarmen, alpinen Rasen hervor.

Die Pflanze besteht aus einer grundständigen Blattrosette und einem aufrechten, 5–15 cm hohen, beblätterten Stängel. Die wollig-zottig behaarten Rosettenblätter sind verkehrt lanzettlich bis spatelförmig, ganzrandig oder an der Spitze leicht gekerbt. Sie sind etwa 1–6 cm lang und 2–8 mm breit.

Der Blütenstand ist eine reichblütige Traube, die oft bis zum Grund des Stängels reicht. Die glockenförmigen Blüten hängen an langen, wollig behaarten Stielen. Die hell blaulila, etwa 15–25 mm lange Blütenkrone ist innen bewimpert. Der wollig-zottige Kelch hat fünf linealische Zipfel, die fast so lang sind wie die Blütenkrone. Zwischen den Kelchzipfeln befinden sich kleine, nur 0,5–1 mm lange, zurückgeschlagene Anhängsel.

Vorkommen und Verbreitungsgebiet

Die Alpen-Glockenblume bevorzugt bodensaure Magerrasen, steinige Matten und Zwergstrauchheiden in einer Höhe von 1300 bis 2400 m. Gelegentlich kommt sie auch auf kalkreicheren Böden vor. Ihr Verbreitungsgebiet sind die Ostalpen, Karpaten und die Balkanhalbinsel.

Caspari 2018

Geschützt in krautreichen Rasengesellschaften fühlt sich die Alpen-Glockenblume wohl.

Die Alpen-Glockenblume, eine zierliche Pflanze der bodensauren Magerrasen und Zwergstrauchheiden

Erst mehrere Eigenschaften machen die Pflanze lebenstüchtig

Die Alpen-Glockenblume wächst an windexponierten Standorten. Ein kräftiger, rübenförmiger Wurzelstock hilft der Pflanze, sich dort dauerhaft anzusiedeln. Wenn auch keine ökologischen Untersuchungen vorliegen, wie das zierliche Pflänzchen an den Extremstandorten zu überleben vermag, so muss man davon ausgehen, dass diese bekanntlich sehr frostresistente Art ähnliche Strategien der Frostabhärtung zu Beginn der größeren Fröste im Herbst wie die Alpenrosen entwickelt hat. Die zottige Behaarung des Blütenstandes dient auch als Wärmeschutz. Darüber hinaus wächst die Alpen-Glockenblume bevorzugt im Schutz horstförmig wachsender Gräser wie dem Borstgras *(Nardus stricta).* Dadurch wird das bodennahe Mikroklima für die Pflanze verbessert.

Verwandt mit der Alpen-Glockenblume ist die ähnlich aussehende Bärtige Glockenblume *(Campanula barbata).* Sie ist ebenfalls eine Charakterart bodensaurer Magerrasen der Alpen. Diese hat eine violettblaue, etwas größere Blütenkrone, deren Kronzipfel durch 3–5 mm lange Haare bärtig erscheinen. Der 10–40 cm hohe, steifhaarige Stängel trägt nur wenige, einseitswendige Blüten.

Alpen-Azalee oder Gamsheide

{Loiseleuria procumbens}

Familie Heidekrautgewächse (Ericaceae)

Porträt

Die Alpen-Azalee ist ein niederliegender, reich verzweigter Zwergstrauch mit dicht beblätterten, 15–45 cm langen Zweigen. Die Pflanze bildet ausgedehnte, spalierartige Teppiche von mehreren Quadratmetern aus. Sie zeichnet sich durch lederige, immergrüne, schmale, nur 4–7 mm lange Blätter mit nach unten umgerolltem Rand (Rollblätter) aus. Die fünfzipfeligen, rosa- bis karminroten Blüten mit einer Breite von 6–7 mm stehen zu zweit oder dritt am Ende der Triebe. Der fünfspaltige, rote Kelch mit schmalen, lanzettlichen Zipfeln ist nur halb so groß wie die glockenförmige Krone. Die Narbe ist bereits nach dem Öffnen der Blüte empfängnisbereit, während die fünf dunkelpurpurnen Staubblätter an der gleichen Pflanze erst später zur Reife kommen, um eine Selbstbestäubung weitgehend zu vermeiden. Die Früchte reifen erst im nächsten Jahr aus. Die Alpen-Azalee blüht von Juni bis August und bevorzugt dem Wind ausgesetzte Höhenlagen von 1800 bis etwa 3000 m. Die kalkfeindliche Art siedelt nur auf sauren oder vom Kalk ausgelaugten Böden.

Herkunft

Die Urheimat der Alpen-Azalee ist die Arktis. Die Art ist erst während der letzten Eiszeiten in die Alpen eingewandert. In der gesamten Arktis bildet die Alpen-Azalee den Hauptbestandteil der nordischen Zwergstrauchtundren. Sie kommt auch im Altai und auf Kamtschatka vor, dagegen fehlt sie im Kaukasus und im Himalaya.

Die Bergsteigerin unter den Holzgewächsen

Die zwergenhafte Alpen-Azalee gehört zu den charakteristischen Arten der oft flechtenreichen Zwergstrauchheiden in den Hochlagen der Alpen. Sie ist ferner eines der wenigen Holzgewächse, die die Hochlagen der Alpen bis über 3000 m erklimmen. In dem reich verzweigten Astwerk der Spalierteppiche finden nur am Boden lose anheftende Strauchflechten, wie Rentierflechten, Unterschlupf und Schutz vor lebensbedrohlichen Stürmen. Diese Strauchflechten speichern das Regenwasser wie ein Schwamm und verbessern somit den Wasserhaushalt dieser Standorte. Die Windheideteppiche mit der Alpen-Azalee vermitteln den Übergang von den subalpinen Zwergstrauchheiden zu den alpinen Rasen.

Die Alpen-Azalee ist an extreme Kälte und heftige Stürme gewöhnt. Daher vermag sie auch Wind und Kälte ausgesetzte Standorte mit geringer winterlicher Schneedecke zu besiedeln. Hauptfeind ist der Wind, mit dem die Alpen-Azalee fertig werden muss. Wind steigert die Austrocknung der Pflanze und führt zu Wassermangel, vor allem im Winter, wenn das Wasser im Boden gefroren ist. Wie jedes Blatt einer Pflanze haben auch die Blätter der Alpen-Azalee Spaltöffnungen zum Gasaustausch, die auf der Blattunterseite in zwei Rinnen eingesenkt sind. Diese bleiben im Winter geschlossen. Zudem sind die lederigen Blätter als Rollblätter ausgebildet, das heißt, die Blattränder sind nach unten umgerollt. Dadurch ist die Oberfläche der Blätter verkleinert, das reduziert den Wasserverbrauch oder die Transpiration der Pflanze. Mithilfe der beiden Rinnen an der Blattunterseite nimmt die Pflanze Regen- oder Tauwasser kapillar auf. Um Regen- oder Schmelzwasser optimal zu nutzen, bevorzugt die Alpen-Azalee flache Mulden oder wenig geneigte Hänge.

Caspari 2018

Die Alpen-Azalee, eine Charakterart der hochalpinen Zwergstrauchheiden, erträgt Temperaturen bis zu –40 °C.

In dem Spalierteppich der Gamsheide nisten sich oft kleine Strauchflechten wie die hochalpine Schneeflechte *(Cetraria nivalis)* ein.

Die Urheimat der Alpen-Azalee ist die Arktis. Die Art ist erst während der letzten Eiszeiten eingewandert.

Ein eigenes Klein- oder Mikroklima

Entscheidend für die Existenz der Alpen-Azalee an den Extremstandorten ist die Anpassung der Wuchsform: Die Pflanze bildet dichte Spalierteppiche aus. Selbst bei einem Föhnsturm sinkt die Windgeschwindigkeit im Inneren der nur etwa 10 cm hohen Zwergsträucher nach Messungen fast auf null. Damit geht dort die Luftfeuchtigkeit kaum unter 80 Prozent zurück. Auch die Temperaturverhältnisse gestalten sich im Inneren des Spalierteppichs gegenüber der Außenluft weit günstiger. An kühlen Tagen liegt die Temperatur bei Sonneneinstrahlung im Inneren des Bestandes um bis zu 20 °C höher als nur wenige Dezimeter darüber. Der Wärme- und Wasserdampfaustausch mit der Außenwelt ist also stark reduziert. Das Kleinklima innerhalb der Spalierteppiche ist mit dem des Klimas eines Waldes mit dichtem Kronenschluss vergleichbar.

Anpassung an karge Magerstandorte

Der Alpen-Azalee verbleiben als Siedlungsmöglichkeit in den Hochlagen nur die kargen Magerstandorte. Um den Stickstoffmangel der Böden auszugleichen, lebt die Alpen-Azalee in Symbiose mit Bakterien. Diese sitzen in kleinen Wurzelknöllchen der Pflanze, fixieren den Luftstickstoff und wandeln ihn in eine organische Stickstoffverbindung um.

Zugute kommt der Art auch der Besitz immergrüner Blätter, sodass sie jederzeit Nähr- und Reservestoffe mithilfe des Sonnenlichtes produzieren und somit Fotosynthese betreiben kann, sobald die Schneedecke geschmolzen ist. Bereits bei Temperaturverhältnissen von wenigen Grad unter null vermag die Alpen-Azalee die Fotosynthese durchzuführen.

Reservestoffe wie Stärke und auch Fett werden vor allem im Frühsommer erzeugt, da sie in der Blüh- und Wachstumsphase stark verbraucht werden; im Herbst baut die Pflanze sie dann wieder neu auf. Der Fettgehalt der Blätter beträgt 11 Prozent der Trockenmasse. Die immergrünen Blätter liefern im Winter für Gämsen, Steinböcke, Schneehasen und Schneehühner eine nährstoffreiche Nahrung.

All diese Fähigkeiten einer alpinen Lebenskünstlerin reichen zwar für ihre Existenz aus, aber die eingeschränkten Möglichkeiten der Stoffproduktion erlaubt ihr nur ein extrem langsames Wachstum. Die verholzten Stämmchen erreichen nach einigen Jahrzehnten nur eine Stärke von wenigen Millimetern. Nach Messungen an 50- bis 70-jährigen Exemplaren erfährt die Pflanze einen durchschnittlichen Dickenzuwachs von 0,07 mm pro Jahr.

Anpassung an strenge Winterfröste

Die Alpen-Azalee steht an windexponierten Standorten im Winter ohne Schneeschutz da. Eine extreme Frosthärte ist Voraussetzung für ihr Überleben. Diese Frosthärte entwickelt die Art bei beginnenden Kälteeinbrüchen im Herbst in einer stufenweisen Anpassung, ein physiologischer Prozess, der ähnlich wie bei der Zirbe (siehe Seite 27) erfolgt. Die Alpen-Azalee ist in den Wintermonaten gegenüber Temperaturen bis zu –40 °C frostresistent. Diese extreme Frosthärte schwindet allmählich bei länger andauerndem Temperaturanstieg. Starke Kälteeinbrüche nach einer längeren Wärmeperiode im Sommer führen zu Frostschäden an der Pflanze, die im Winter bei viel tieferen Temperaturen noch nicht eintreten würden.

Mit dieser Kältestrategie der Frostabhärtung kann sich die Alpen-Azalee in Standorte vorwagen, die beispielsweise der Alpenrose vorenthalten bleiben, da sie bereits bei etwa –27 °C im Winter Schaden erleidet, sobald ihre Zweige und Triebe aus dem Schnee ragen.

2

PIONIERSTANDORTE

Erstbesiedler oder Pioniere, die also den «gewählten» Standort erst «urbar» machen müssen, haben es besonders schwer. Das galt und gilt auch für den Menschen. Pionierpflanzen haben zwar den Vorteil, dass sie an diesen Standorten kaum Konkurrenten vorfinden, aber sie müssen mit den Widrigkeiten des gewählten Lebensraumes fertig werden. An offenen Schotterflächen und steinigen Schutthalden sind sie im Sommer der sengenden Sonnenhitze und im Winter klirrenden Frösten ausgesetzt. Wassermangel, Humus- und Nährstoffmangel erlauben nur ein kärgliches Dasein. Pionierarten der Moränen und Gletschervorfelder andererseits müssen mit einer langen Schneebedeckung bis in den Sommer hinein vorliebnehmen. Nur Arten mit ausgefeilten Überlebensstrategien können überleben.

Arten

- Silberwurz *(Dryas octopetala)*
- Blaugrüner Steinbrech *(Saxifraga caesia)*
- Stängelloses Leimkraut *(Silene acaulis)*
- Stumpfblättrige Weide *(Salix retusa)*
- Netz-Weide *(Salix reticulata)*

Schotterbänke eines alpinen Flusses als Pionierstadien

- Moschus-Schafgarbe *(Achillea moschata)*
- Gewöhnliche Alpenmargerite *(Leucanthemopsis alpina)*
- Kriechende Nelkenwurz *(Geum reptans)*
- Schnee-Enzian *(Gentiana nivalis)*
- Wulfens Hauswurz *(Sempervivum wulfenii)*
- Berg-Hauswurz *(Sempervivum montanum)*

Strategien

- Strategien gegen intensive Sonnenstrahlen: Reflektion durch Wachsschicht der Blätter, filzige Behaarung.
- Strategien gegen Wassermangel: effektive Wasseraufnahme durch Pfahlwurzeln.
- Strategien gegen Austrocknung: angepasste Blattmorphologie (Spaltöffnungen, verdickte Oberhaut oder Cuticula).
- Strategien gegen Kälte: Ausnutzung der Bodenwärme, der Sonnenstunden.
- Strategien gegen Sturm und extreme Fröste: Spalierwuchs, lange Schneebedeckung.
- Strategien gegen mechanische Beschädigungen wie Schneeschurf und Wind: Erhöhung der Stabilität und Reißfestigkeit der Stängel und Äste durch Verholzung.
- Strategien gegen Humus- und Nährstoffmangel: spalierartige Wuchsform als Humussammler.

Silberwurz

{*Dryas octopetala*}

Familie Rosengewächse (Rosaceae)

Porträt

Die Silberwurz bildet auf ebenen oder wenig geneigten Schotterflächen ausgedehnte, flache Spaliere aus, die im Laufe der Jahre einen Durchmesser von bis zu einem Meter erreichen. Der Spalierstrauch besteht aus einem reich verzweigten, dem Boden angedrückten Sprosssystem. Aufgerichtet sind nur die Triebspitzen mit den Blättern und Blüten. Die Pflanze wird somit kaum höher als 10 cm. Die leuchtend weißen, 2,5–4 cm breiten Blüten mit meist sieben bis neun Kronblättern heben sich kontrastreich von dem dunkelgrünen Blattpolster ab. Die spitzen, lanzettlichen Kelchblätter, in gleicher Anzahl wie die Kronblätter, sind außen braunfilzig. Die lederigen, runzeligen, immergrünen, am Rande regelmäßig gekerbten Blätter sind oberseits glänzend dunkelgrün, dagegen ist ihre Unterseite dicht silbrig-weiß-filzig. Daher kommt auch die Bezeichnung «Silberwurz» für unsere Pflanze.

Die drüsig behaarten Blütenstiele sind zur Blütezeit 3–6 cm lang, sie verlängern sich zur Fruchtzeit auf etwa 10 cm. Zahlreich sind die gelben Staub- und Fruchtblätter. Zur Frucht- oder Reifezeit wächst der Griffel zu einem 2–3 cm langen, weißzottig behaarten Flugorgan aus. Diese weißen, in der Sonne silbrig glänzenden Köpfchen haben der Pflanze auch den Namen «Wildes Männle» eingebracht. Diese Bezeichnung wird ebenso für die Alpen-Anemone wie für andere Arten verwendet, die sich als Flugorgan zur Verbreitung ihrer Samen durch den Wind eine ähnliche zottige Perücke zugelegt haben.

Der Lebensraum einer Pionierart auf Schotterflächen

Die Silberwurz bevorzugt reinen Kalkfels oder Kalkschotter, sie kommt aber auch auf kalkhaltigen Silikatstandorten vor. Das Hauptvorkommen in den Alpen schwankt in Höhen zwischen 1200 und 3000 m.

Ein weiterer Lebensraum der Silberwurz sind die Kies- und Schotterbänke der Alpen- und Voralpenflüsse. Dort treten sie als Pioniere auf. Sie werden als sogenannte Alpenschwemmlinge bezeichnet, da ihre Samen und Pflanzenteile aus den höher gelegenen Standorten herabgeschwemmt werden.

Caspari 2018

Wind, Frost und pralle Sonne

Der bescheidene, aber robuste Zwergstrauch begnügt sich mit offenen, nahezu vegetationslosen Steinschuttböden und Erosionsflächen in den Alpen. Ein extremes Kleinklima herrscht an diesen dem Wind und dem Frost ausgesetzten Standorten, die sehr früh ausapern und in manchen Wintermonaten kaum eine schützende Schneedecke besitzen. Freilich genießt die Pflanze an sonnigen Tagen die intensive Sonneneinstrahlung, die die bodennahe Luftschicht stärker erwärmt, als man nach den niedrigen Lufttemperaturen erwarten könnte. Diesen Vorteil «wissen» viele Spaliersträucher der Alpen zu schätzen. Um der schädlichen Wirkung intensiver Sonneneinstrahlung zu entgehen, hat sich die Pflanze eine glänzende Wachsschicht «zugelegt», die die Strahlung reflektiert. Als zählebiger Kleinstrauch verankert sich die Silberwurz mit ihren bis zu 2 m langen Pfahlwurzeln tief in den Gesteinsspalten oder in den Schuttkörper. Dort erreichen ihre Wurzeln auch bei Trockenheit noch genügend Feuchtigkeit. Zum Schutz vor Austrocknung oder Transpiration sind die Spaltöffnungen der Pflanze in den Filz der Blattunterseite versteckt. Unter den extremen Bedingungen der Standorte und der klimatischen Situation wächst die Silberwurz sehr langsam und erreicht ein Alter von 50 Jahren und mehr. Der Zuwachs der verholzten Stämmchen beträgt nur 0,1–0,2 mm im Jahr. Im hohen Norden auf der Halbinsel Kola wurde an einer 100-jährigen Pflanze ein durchschnittlicher Zuwachs von nur 0,07 mm im Jahr ermittelt. Mehr an Stoffproduktion ist an diesen Magerstandorten mit niederen Temperaturen nicht drin.

Zur Reifezeit wachsen bei der Silberwurz die Griffel zu einem weißzottigen Flugorgan aus und bilden perückenartige Fruchtstände.

Symbiose mit Bakterien und Pilzen

Zum Glück lebt die Silberwurz mit Actinomyceten in Symbiose. Diese pilzähnlichen Bakterien sitzen in den Wurzelknöllchen der Silberwurz. Sie sind in der Lage, den Luftstickstoff zu fixieren, in organische Stickstoffverbindung umzuwandeln und somit die mageren Böden mit Nährstoffen anzureichern. Außerdem lebt die Silberwurz mit Blätterpilzen in Symbiose, deren Pilzfäden die Wurzel der Silberwurz umspinnen und bei der Aufnahme wichtiger Nährstoffe aus dem kargen Boden behilflich sind. Ohne die Mithilfe dieser Pilze wäre die Existenz der Silberwurzel gefährdet.

Sparsam geht die junge Pflanze zudem mit der Blütenbildung um. Nach der Keimung werden die Blüten erst im dritten Jahr oder oft auch später gebildet. Für das kommende Jahr werden Blüten und Knospen der Zweige bereits im Herbst angelegt.

Pionierpflanze und Wegbereiter

Im Laufe der Zeit nehmen die Spalierrasen der Silberwurz an Ausdehnung zu. Seine absterbenden Blätter tragen zur Humusbildung bei. Überdies verfangen sich angewehter Staub und Feinerde in dem Strauchwerk und verbessern die standörtliche Situation. Dies hat auf lange Sicht für die lichtliebende Pflanze auch Nachteile. Denn nun können sich anspruchsvollere Kräuter wie Gräser und Seggen ansiedeln, die sich in die Mitte der lichter werdenden Rasenteppiche einnisten und somit nach und nach die schattenunverträgliche Silberwurz verdrängen.

Ein ähnliches Schicksal ereilt die Silberwurz als Pionierpflanze auch auf den Flussschottern der Alpenflüsse. Im Laufe der Vegetationsentwicklung der Flussaue verdrängen aufkommende Sträucher der Lavendel-Weide und der Grau-Erle die Spalierrasen der Silberwurz. Zudem werden bei größeren Hochwasserereignissen Kiesbänke weggespült. Andererseits entstehen an anderen Stellen des Flusses durch Anlandungen neue, offene Schotterbänke und somit wiederum Siedlungsmöglichkeiten für die Pionierpflanze. Diesen periodischen Vorgang von Abtrag und Anlandung von Geschiebe in der Aue alpiner Gewässer nennt man Auendynamik, die die Voraussetzungen einer eigenständigen Lebensgemeinschaft aus charakteristischen Pflanzen- und Tierarten schafft.

Herkunft und Verbreitung

Die ursprüngliche Herkunft der Silberwurz ist der Hohe Norden rund um die arktische Tundrenzone. Erst als die Gletscher während der letzten Eiszeit vor etwa 20 000 Jahren von Norden nach Süden vorrückten, wanderte die Pflanze in Richtung Mitteleuropa. Allerdings wurde ihrem Wandertrieb von den Gletschern, die sich ihr am Nordrand der Alpen entgegenstellten, ein Ende gesetzt. Am Ende der Eiszeit, in der sogenannten Dryaszeit vor etwa 10 000 Jahren, waren große Teile Europas von den Teppichen der Silberwurz besiedelt. Heute findet man bei Grabungen fossile Blattreste und Pollen dieser Pflanze als Hinweis für die damalige Verbreitung. In der anschließenden Warmphase wanderte die Silberwurz in die höheren Standorte der Hochgebirge, so in die Alpen und Pyrenäen, in den Apennin und in den Kaukasus sowie in die Gebirge der Balkanhalbinsel.

Eine alpine, noch natürlich erhaltene Flusslandschaft mit verzweigtem Flusslauf und großen Schotterbänken. Auf diesen Pionierstandorten siedeln sich viele sogenannte Alpenschwemmlinge an; es sind dies Arten der Hochlagen, die hier einen zweiten Lebensraum vorfinden.

Blaugrüner Steinbrech

{*Saxifraga caesia*}

Familie Steinbrechgewächse (Saxifragaceae)

Porträt

Der Blaugrüne Steinbrech bildet kompakte, halbkugelige, niedrige Polster mit einem Durchmesser von 3–10 (–12) cm. Das Polster besteht aus dicht stehenden Sprossen, die mit einer dicht dachziegelig beblätterten Rosette enden und somit eine kompakte Oberfläche des Polsters bilden. Die starren, blaugrünen Blätter sind nur 2–5 mm lang und 0,7–1,5 mm breit. Sie sind bogig zurückgekrümmt und am Rand umgebogen. Oberseits besitzen sie fünf bis sieben kalkabscheidende Drüsen. Auf der Blattunterseite befinden sich zwei tiefe Längsfurchen.

Zwei bis fünf Blüten sitzen an 3–12 cm langen, dünnen Stängeln. Diese besitzen noch drei bis sechs linealische, kurzdrüsige Blätter. Die Blüte besteht aus fünf rein weißen, eiförmigen Kronblättern. Diese sind zwei- bis dreimal so lang wie die Kelchblätter.

Bestäubt werden die Blüten hauptsächlich von kurzrüsseligen Insekten, wie Fliegen, Käfern und auch Ameisen. Um eine Selbstbestäubung zu verhindern, reifen die Staubblätter zuerst. Wenn diese durch Insektenbesuch entleert sind, entwickelt sich die Narbe und ist für eine Fremdbestäubung empfängnisfähig. Die Blütezeit erstreckt sich, je nach Meereshöhe, von Mai bis September.

Lebensraum und Verbreitung

Der Blaugrüne Steinbrech besiedelt offene Geröllfluren und Felsspalten in einer Höhe bis zu 3000 m. Er kommt aber auch herabgeschwemmt auf Kies- und Schotterflächen der Alpen- und Voralpenflüsse vor. Saure Böden und silikatreiches Gestein meidet die Pflanze und beschränkt sich auf Gebirgsstöcke mit Kalk- und Dolomitgestein.

Der Blaugrüne Steinbrech ist eine süd-mitteleuropäische Gebirgspflanze. Verbreitet ist die Art in den Alpen, Pyrenäen, Karpaten, im Apennin und auf der nördlichen Balkanhalbinsel.

Der Name geht auf den römischen Schriftsteller Plinius zurück, der geschrieben hat: «quia saxa frangit», also: «weil er den Stein bricht». Aufgrund des Wuchsortes vieler Steinbrecharten wurde ihm fälschlicherweise eine felssprengende Eigenschaft zugeschrieben.

Der Werdegang einer Pionierpflanze

Der Blaugrüne Steinbrech gehört zu den Erstbesiedlern von Rohböden und Schuttfluren, an denen er kaum Humus, geschweige denn Konkurrenten vorfindet. Bevorzugt werden daher kleine Bodenstellen, beispielsweise oberhalb größerer Gesteinsbrocken, an denen sich etwas Feinerde angesammelt hat. Dort kann der Same der Pflanze keimen. Diese treibt Wurzeln und erhöht die Stauwirkung für angewehten oder herabgeschwemmten Humus. Dadurch wird der Miniaturstandort auch für andere Arten, wie die Polster-Segge *(Carex firma),* besiedelbar und attraktiv. Diese grasartige Pflanze dient zusätzlich als Feinerdefänger und Bodenstabilisator und somit als «Anreiz» für weitere Arten. Eine kleine Insel des Polsterseggenrasens, zu dem sich auch Silberwurz, Kalk-Polsternelke oder Aurikel hinzugesellen, ist somit entstanden. Im Laufe weiterer Jahrzehnte – und in höheren Lagen auch weiterer Jahrhunderte – nimmt die Bodenbildung zu. Weitere Arten treten auf. Schließlich entsteht eine mehr oder weniger geschlossene, artenreiche Vegetationsdecke aus Gräsern, Seggen und Zwergsträuchern. Als vorherrschendes Gras treten das Blaugras *(Sesleria caerulea)* und als dominierende Segge

Caspari 2018

die Immergrüne Segge *(Carex sempervirens),* auch Horst-Segge genannt, auf. Der Blaugras-Horstseggenrasen stellt die charakteristische, weitgehend geschlossene Rasengesellschaft der Kalkstandorte über der Waldgrenze dar. Für die ursprünglichen Pionierarten wird es eng. Sie werden verdrängt.

Der Blaugrüne Steinbrech trotzt mit seinen festen, halbkugeligen Polstern winterlichen Stürmen und Schneeschliff.

Die dicht geschlossene Oberfläche des Polsters bietet dem Wind nur eine geringe Angriffsmöglichkeit. Der Blaugrüne Steinbrech gehört zu den windhärtesten Arten der Alpen.

Eine sturmerprobte Pflanze

Die dicht geschlossene Oberfläche des Polsters bietet dem Wind nur eine geringe Angriffsmöglichkeit. Der Blaugrüne Steinbrech gehört daher zu den windhärtesten Pflanzen der Alpen. Er kann – ohne Schaden zu leiden – dem Schneeschliff winterlicher Stürme an den windexponierten Standorten und Windecken trotzen. Zudem ist die Pflanze mit einer kräftigen Pfahlwurzel im Boden verankert. Die lebenden Blätter sind mit einer dicken Oberhaut (Cuticula) ausgerüstet. Aufgrund von Messungen wurde nachgewiesen, dass diese mit steigender Meereshöhe an Dicke zunimmt. Das Innere des Polsters ist ausgefüllt mit vertorften Blattresten und Flugerde.

Eine kalkalpine Pflanze mit eingebautem «Entkalker»

Als Bewohner von kalkreichen Standorten nimmt der Blaugrüne Steinbrech mit seinen Wurzeln kalkreiches Wasser auf. Um diesen gelösten Kalk wieder loszuwerden, hat die Art fünf bis sieben Kalkdrüsen pro Blatt installiert. In kleinen Grübchen sind sogenannte Wasserspalten eingesenkt, in die die letzten Ausläufer der Gefäßbündel, also des Wasserleitungssystems der Pflanze, münden. Am Ende der Wasserspalten wird das kalkreiche Wasser in winzigen Tropfen ausgeschieden, es verdunstet und der Kalk fällt als graue Kruste aus, die der Pflanze die blaugrüne Farbe verleiht. Dieser schuppige Überzug dient der Pflanze gleichzeitig als Schutz gegenüber der starken Lichtintensität an den Gebirgsstandorten.

Stängelloses Leimkraut

{*Silene acaulis*}

Familie Nelkengewächse (Caryophyllaceae)

Porträt

Das Stängellose Leimkraut bildet leuchtend rot blühende Polster, die einen Durchmesser von über einem Meter und mehr erreichen können. Solche ausgedehnten Polster können oft auf ein Alter von hundert Jahren zurückblicken. Zur Blütezeit von Juni bis August wird das moosähnliche, dicht beblätterte, grüne Polster von den hell rosafarbenen bis dunkelroten, fünfblättrigen, etwa 15–20 mm breiten Blütenkronen fast verdeckt. Die Blüten sitzen einzeln an 10–30 mm langen Stielen. Das Flachpolster der Pflanze wird aus dicht stehenden, kurzen Trieben mit linealischen, spitzen, am Rand stachelig bewimperten, etwa 8–12 mm langen Blättern gebildet.

Das Stängellose Leimkraut hat dreierlei Blüten. Es gibt Polster mit Zwitterblüten. Diese Blüten besitzen Staubblätter und Fruchtknoten. Andere Polster bilden nur männliche Blüten, die nur Staubblätter entwickeln. Die Blüten anderer Polster wiederum sind rein weiblich. Nur die weiblichen Blüten und die Zwitterblüten liefern Samen. Besucht werden die duftenden Blüten hauptsächlich von Schmetterlingen, aber auch von Hummeln, Fliegen und Bienen. Die reifen Samen werden erst im Winter ausgestreut. Etwa 2000 Samen bringen nur 1 g auf die Waage.

Vorkommen und Verbreitung

Das Stängellose Leimkraut ist eine arktisch-alpine Art, die erst während der Eiszeit in die Alpen eingewandert ist. Sie besiedelt in einer Anzahl geografisch getrennter Sippen einmal die Gebirge Mittel- und Südeuropas, wie die Alpen, Pyrenäen, Apenninen und Karpaten, andererseits ist sie im Norden in den Gebirgen und Tundrengebieten von Island, Skandinavien bis zum Nordural verbreitet. In den Alpen trifft man sie in Höhenlagen zwischen 1500 und 3600 m an.

Man unterscheidet zwei Unterarten. Einmal das Gewöhnliche Stängellose Leimkraut (*Silene acaulis* subsp. *acaulis*), eine kalkliebende Unterart, und die Kiesel-Polsternelke (*Silene acaulis* subsp. *exscapa*), eine silikat- oder kieselsäureliebende Pflanze.

Das Gewöhnliche Stängellose Leimkraut, auch Kalk-Polsternelke genannt, besitzt längere Blütenstiele und Blätter; es kommt fast ausschließlich auf steinigen Kalk-Magerrasen und auf Kalkfels vor. Die Kiesel-Polsternelke hat kürzere, nur 4–8 mm lange Blätter und ihre Blütenstiele sind nur 1–5 mm lang. Sie wächst auf bodensauren, steinigen Magerrasen und auf Silikatfels der Zentralalpen.

Caspari 2018

Die leuchtend rot blühenden Polster des Stängellosen Leimkrautes können oft auf ein Alter von hundert Jahren «zurückblicken».

Wie bei vielen Polsterpflanzen verwittern auch beim Stängellosen Leimkraut die älteren Blätter und erzeugen im Inneren des Polsters einen Eigenhumus, der auch als Wasserspeicher dient.

Zwergenwuchs bringt viele Vorteile

Der Polsterwuchs verschafft auch dem Stängellosen Leimkraut viele Vorteile, um diesen lebensfeindlichen Standort zu überdauern. Diese kompakte, sehr niedrige Wuchsform ist eine weit verbreitete Anpassungsform, die viele Arten unterschiedlicher Pflanzenfamilien entwickelt haben. Der Zwergenwuchs ist vielfach genetisch bedingt. Sogar an tieferen Standorten bleibt der Wuchs zwergenhaft, so auch bei dem Stängellosen Leimkraut oder bei der Silberwurz und bei den spalierartig wachsenden Arten der «Kriechweiden».

Es gibt aber auch Arten, wie das Edelweiß (siehe Seite 228), deren Kleinwüchsigkeit klimatisch bedingt ist. Infolge der UV-reichen Höhenstrahlen und anderer Klimafaktoren entwickeln sie in höheren Lagen verkürzte Blütenstängel und bleiben kleinwüchsig. Im Talbereich verlieren sie diesen Zwergenwuchs.

Wie bei vielen anderen Polsterpflanzen verwittern auch bei dem Stängellosen Leimkraut die älteren Blätter und erzeugen im Inneren des Polsters einen Eigenhumus, der auch als Wasserspeicher dient. Von dem Geflecht der strahlig angeordneten Seitentriebe gehen zahlreiche Fein- und Nährwurzeln aus, die das Polster durchdringen und ihm Festigkeit gegenüber tosenden Stürmen verleihen. Eine kompakte Oberfläche des Polsters schützt bestens gegen die abrasierende Wirkung des Windes, der, wie ein Sandstrahlgebläse, den Pflanzen zusetzt. Zudem herrscht im Inneren des Polsters ein ausgewogenes Kleinklima (Mikroklima) gegenüber dem rauen Klima der Außenwelt.

Frostresistent und fest verwurzelt

Das Stängellose Leimkraut ist gegenüber winterlichen Temperaturen extrem frostresistent. Nach der Phase der herbstlichen Abkühlung, wie sie bei vielen Alpenpflanzen stattfindet (siehe etwa die Alpenrose oder die Zirbe), verträgt die Pflanze Minustemperaturen weit unter –30 °C.

Eine lange Pfahlwurzel, mit der die Pflanze bis zu einer Tiefe von 130 cm in den Gesteinsschutt oder in eine Felsspalte eindringt, garantiert ihr eine nahezu unverrückbare Standfestigkeit. Als konkurrenzstarke Art vermag das Stängellose Leimkraut andere Polsterpflanzen zu überwachsen.

Stumpfblättrige Weide

{*Salix retusa*}

Familie Weidengewächse (Salicaceae)

Porträt

Die Stumpfblättrige Weide ist ein zwergenhafter Spalierstrauch. Das knorrige, gewundene Stämmchen bildet, aus dem Boden kommend, ein dicht verflochtenes Astwerk, das steinigen Boden oder auch Felsspalten mit einem grünen Teppich überzieht. Die Äste werden bis zu 50 cm lang. Die lebhaft grünen, oberseits glänzenden Blätter sind länglich oder verkehrt eiförmig, etwa 1,5–3 cm lang und 5–8 mm breit. Im Herbst verfärben sie sich goldgelb und verströmen einen intensiven Geruch. Alle Weidenarten werfen ihre Blätter im Herbst ab. Das heißt, sie sind sommergrün. Nur bei der Netz-Weide *(Salix reticulata)* überdauern die Blätter den Winter. Sie sind also wintergrün.

Die wenigblütigen, etwa 1,5 cm langen Kätzchen befinden sich am Ende der Kurztriebe. Wie bei allen Weidenarten sitzen die Kätzchen mit weiblichen Blüten und die Kätzchen mit männlichen Blüten auf verschiedenen Individuen. Das heißt, die Weidenpflanze ist zweihäusig. Die männliche Blüte besteht aus zwei Staubblättern und zwei Nektardrüsen. Die Staubbeutel sind anfangs rot, beim Stäuben verfärben sie sich gelb. Die weibliche Blüte besitzt einen kegelförmigen, kahlen, etwa 1–3 mm langen Fruchtknoten mit einer gabelig geteilten Narbe. Die Blütezeit ist Juli bis August.

Die Stumpfblättrige Weide ist eine Pflanze der europäischen Hochgebirge. Verbreitet ist sie in den Alpen, Pyrenäen, im Apennin und im Jura sowie in den Karpaten.

Nah verwandt und sehr ähnlich ist die Quendelblättrige Weide *(Salix serpyllifolia)*. Sie unterscheidet sich durch kleinere, fast dachziegelig angeordnete, nur 4–10 mm lange und 2–4 mm breite Blätter sowie kugelige, 5 mm große Kätzchen. Ihre Verbreitung ist auf die Alpen beschränkt. Dort wächst sie auf ähnlichen Standorten wie die Stumpfblättrige Weide.

Ein Pionier auf Felsschutt

Die Stumpfblättrige Weide besiedelt kalkreiche Rohböden, steinige Hänge und Blockhalden, meist in einer Höhenlage zwischen 1600 und 3000 m. Sie bevorzugt Standorte mit einer langen Schneebedeckung. Die Kargheit der Böden und die verkürzte Wachstumsperiode in den großen Höhen gewähren einem Holzgewächs kein üppiges Leben. Der Vorgang der Verholzung, der der Pflanze weit höhere Stabilität und Widerstandskraft verleiht, geschieht durch Einlagerung von Lignin als Gerüstsubstanz in die Zellwände, dessen Produktion viel Energie verbraucht. Lignin ist eine chemische Substanz, die dem Chitin der Insekten und auch der Gerüstsubstanz der Pilze ähnlich ist. Das Wachstum dieser Zwerg- oder Spalierweide ist extrem langsam. Sie kann ein Alter von nahezu sechzig Jahren erreichen. Je nach Höhenlage beträgt der Dickenzuwachs des knorrigen Stämmchens 0,03 –0,2 mm pro Jahr. Die Art braucht also viel Zeit.

Pioniere haben die Aufgabe, den Boden für die nächsten Generationen zu bereiten. Pflanzenpioniere auf Schuttstandorten stabilisieren und festigen den Boden und reichern ihn mit Humus an. Die Stumpfblättrige Weide ist deshalb ein wichtiger Humusbildner. Im dichten Ast- und Blätterwerk der Stumpfblättrigen Weide verfangen sich vom Wind angewehter Staub und Feinerde sowie verwitternde Pflanzenreste.

Der Spalierstrauch verankert sich im Geröll mit bis zu meterlangen, seilartigen Wurzeln. Das reich verzweigte, beblätterte Astwerk wirkt wie eine Reuse, indem es herabrieselnde Steine auffängt und den beweglichen

Caspari 2018

Schutt staut und festigt. Es entsteht als kleine Insel eine neue Standortvariante, nämlich der Ruhschutt. Im beweglichen Schuttkar haben wir die Schuttwanderer, wie Rundblättriges Täschelkraut (siehe Seite 92), oder die Schuttüberkriecher, wie das Alpen-Leinkraut (siehe Seite 100). Im Ruhschutt eröffnen sich nun Möglichkeiten einer Ansiedlung für weitere Pflanzen und Pflanzengesellschaften.

Die Stumpfblättrige Weide presst sich dicht an den Boden, um den tobenden Stürmen wenig Angriffspunkte zu bieten.

Eine Stumpfblättrige Weide mit männlichen Blütenkätzchen

Kuschelkurs mit dem Boden

Aufrecht wachsende Holzgewächse, selbst niedrige wie die Alpenrosen, haben in größeren Höhen der Alpen nur geringe Chancen und übersteigen die Wald- oder Baumgrenze nur geringfügig. Um als Holzgewächs noch höher zu kommen, braucht es eine andere Strategie, nämlich die der spalierartigen Wuchsform, wie sie die Spalier- oder Gletscherweiden «erfunden» haben.

Der flächig ausgebreitete, an den Boden gepresste Wuchs bringt der Pflanze viele Vorteile. Zunächst ist sie nicht den mechanischen Kräften heftiger Stürme ausgesetzt. Dicht am Boden ist die Windgeschwindigkeit stark reduziert. Dadurch vermindert sich auch die austrocknende Wirkung des Windes (Transpiration) – eine Hauptgefahr für hochalpine Pflanzen. Des Weiteren ermöglicht der Spalierwuchs die Ausnutzung der Bodenwärme und hat den Vorteil eines langen Schneeschutzes im Winter. Allerdings darf man sich eine dicke Schneedecke im Gebirge nicht nur als ein wärmendes Bettzeug vorstellen, das bis zur Schneeschmelze am Ort ruhig und unverändert liegen bleibt. Auch an flach geneigten Hängen bewegt sich die weiße Decke millimeterweise als Kriech- und Gleitschnee langsam, aber stetig hangabwärts. Alles, was sich der Schubkraft der Schneemassen in den Weg stellt, läuft Gefahr, mitgerissen oder zumindest abgehobelt oder erodiert zu werden. Da ist es nur gut, wenn sich die Pflanze geduckt am Boden halten kann.

Eine zwergenhafte Wuchsform haben sich alle Spalierweiden und auch die Polsterpflanzen wie das Stängellose Leimkraut (siehe Seite 54) und viele Steinbrechgewächse als Überlebensstrategie zu eigen gemacht. Der Zwergenwuchs ist in den meisten Fällen genetisch fixiert. Das heißt, auch in Tallagen verpflanzte Individuen bleiben dort kleinwüchsig.

Netz-Weide

{*Salix reticulata*}

Familie Weidengewächse (Salicaceae)

Porträt

Die Netz-Weide ist ein reich verzweigter Spalierstrauch mit am Boden ausgebreiteten, überall wurzelnden, 5–30 cm langen Ästen. Von den übrigen Zwergweiden ist sie leicht an den ziemlich großen, 2–4 cm langen und 2–3 cm breiten rundlichen bis eiförmigen, lang gestielten Blättern zu unterscheiden. Die glänzend grüne Blattoberseite zeichnet sich durch das eingesenkte Adernetz aus, das dem Blatt eine runzelige Struktur verleiht. Die bläulich weiße, anfangs behaarte Blattunterseite hat ein rötliches, stark vorspringendes, engmaschiges Adernetz.

Die weiblichen und männlichen Blütenkätzchen sitzen getrennt an verschiedenen Pflanzen. Die Kätzchen sind lang gestielt, dichtblütig und ziemlich schlank. Die weibliche Blüte besitzt einen filzigen Fruchtknoten. Die männliche Blüte hat zwei Staubblätter mit roten Staubbeuteln.

Lebensraum

Die Netz-Weide lebt in einer Höhenlage zwischen 1600 und 3000 m. Die Blütezeit erstreckt sich dementsprechend von Juli bis September.

Die Art bevorzugt kalkreiche, lehmige und humusreiche, ziemlich feuchte Stein- und Feinschuttböden mit langer Schneebedeckung, die in Mulden und Nordlagen acht bis zehn Monate dauern kann. Die Pflanze überzieht als Spalierrasen auch größere Steine und Felsplatten.

Als wintergrüne Pflanze ist die Netz-Weide die einzige Weidenart, die auch im Winter ihre grünen Blätter behält. Sie kann also an einem sonnigen Wintertag auch unter einer dünnen Schneedecke zur Energiegewinnung und Stoffproduktion Fotosynthese betreiben.

Der strategische Vorteil des Spalierwuches ist ähnlich wie bei der Stumpfblättrigen Weide.

Caspari 2018

Die Netz-Weide, hier eine männliche Pflanze, überdauert als einzige Weidenart den Winter mit grünen Blättern.

Ein Zwergstrauch der Hochgebirge und der Nordhalbkugel

Die Netz-Weide ist, wie auch die Kraut-Weide, wohl arktischen Ursprungs. Heute besiedelt die Netz-Weide die Hochlagen der Alpen, Pyrenäen, des Jura, der Karpaten und der Balkanhalbinsel. Darüber hinaus hat sie auch eine weite Verbreitung in Nordeuropa, in der Arktis und in den nordasiatischen Gebirgen sowie in Nordamerika.

Während der Eiszeit bestand in Mitteleuropa ein etwa 400 km breiter eisfreier Streifen zwischen dem alpinen Gletschergebiet und dem nördlichen Inlandeis. In diesem eisfrei gebliebenen Raum konnten viele Arten überleben.

Nach der letzten Eiszeit, im sogenannten Postglazial vor etwa 10 000 Jahren, wanderten von dort viele Arten nach Norden und nach Süden in die wieder besiedelbaren, eisfreien Räume. Die Netz-Weide und auch die Silberwurz (siehe Seite 46) eroberten aus der Arktis kommend die Alpen. Die postglaziale Wanderung aus Großbritannien, Nord- und Mitteleuropa und dem nördlichen Vorland der Alpen konnte durch fossile Pflanzenfunde belegt werden.

Die Netz-Weide bevorzugt lehmige und ziemlich feuchte Standorte.

Moschus-Schafgarbe

{Achillea moschata}

Familie Korbblütler (Asteraceae)

Porträt

Die Moschus-Schafgarbe ist eine würzig duftende Pflanze mit einem stark verzweigten Wurzelstock, die dicht an der Oberfläche des Bodens als niedriger Rasen Schutthalden, Felsritzen und Felsspalten überzieht. Die grünen, dicht drüsig punktierten Blätter sind bis nahe an der Mittelrippe kammartig gefiedert. Die einzelnen Fiederabschnitte sind nur 0,5–1 mm breit. Die 7–20 cm hohen, weichhaarigen und drüsigen Blütensprosse tragen 3 bis 25 Blütenköpfchen in einem dichten, doldentraubigen Blütenstand. Die einzelnen Blütenköpfchen sind 10–14 mm breit und am Grund von gekielten, grünen Hüllblättern mit braunem bis schwarzem Rand umgeben.

Im Inneren der Blütenköpfchen sitzen 20 bis 25 blassgelbe Scheiben- oder Röhrenblüten, umgeben von sechs bis acht weißen, 3–5 mm langen Zungenblüten. Die nur 2 mm langen, grauen Früchte sind kielförmig und zusammengedrückt.

Eine «Wunderpflanze» und ihre Inhaltsstoffe

Die lateinische Bezeichnung «*Achillea*» für die artenreiche Gattung Schafgarbe wählte Linné deshalb, weil Achilles, der tapferste unter den Helden vor Troja, die Wunden seiner Krieger mit Schafgarbe geheilt haben soll. Mitunter wird die Pflanze auch heute noch «Soldatenkraut» genannt. Schon im Mittelalter galt diese Wunderpflanze als Heilmittel für «Lüt und Veh» (für Mensch und Tier).

Die Pflanze enthält Bitterstoffe wie Ivain, Moschatin, Achillein, ferner Harzsäuren und das stark aromatische, pfefferminzähnliche Ivaöl. Die Inhaltstoffe des Ivakrautes sind zahlreich. Als bewährtes Hausmittel in der Volksheilkunde wurde das getrocknete Kraut der Moschus-Schafgarbe, in Branntwein angesetzt und mit wenig Wasser verdünnt, zu festlichen Anlässen sowie zur Vorbeugung und Heilung verschiedener Krankheiten eingenommen.

Als Tee wurde das aromatische Kraut bei Magen- und Darmleiden sowie bei Appetitlosigkeit getrunken. Ähnlich wie das Kraut der Echten Edelraute (*Artemisia umbelliformis*, siehe Seite 134) wurde das getrocknete Kraut der Moschus-Schafgarbe zur Herstellung und zum Würzen von Likören und Wein verwendet. In der Schweiz wird seit über einhundert Jahren der berühmte Iva-Likör hergestellt.
Der romanische Volksname «Iva» leitet sich vom lateinischen «abigere» = abtreiben her und deutet auf eine Verwendung als Abortivum.

Caspari 2018

Die Moschus-Schafgarbe ist eine Pionierpflanze.
Mit ihrem weit kriechenden und rasigen Wuchs stabilisiert sie den losen Schutt.

Schuttfestiger

Die Moschus-Schafgarbe wächst als Pionierpflanze auf kalkfreien, trockenen, steinigen Magerrasen, Moränen und silikatreichen Felsblöcken in etwa 1600 bis 3400 m Höhe. Mit ihrer weit kriechenden und verzweigten Grundachse und dem rasigen Wuchs, die den losen und beweglichen Schutt stabilisieren, zählt die Art zu den sogenannten Schuttfestigern. Verbreitet ist sie vor allem in den Zentralalpen (nur selten in den Nordalpen). Sie ist eine endemische Art, die also nur in den Alpen vorkommt.

Die würzig duftende Moschus-Schafgarbe, auch Ivakraut genannt, gilt als bewährtes Hausmittel in der Volksheilkunde.

Gewöhnliche Alpenmargerite

{*Leucanthemopsis alpina*}

Familie Korbblütler (Asteraceae)

Porträt

Wer im Juli, August oder September auf die steinigen und nur schütter bewachsenen Hochlagen der Zentralalpen steigt, dem fallen die leuchtenden Blütensterne der Gewöhnlichen Alpenmargerite mit ihren strahlend weißen Zungenblüten und den goldgelben Röhrenblüten, dem Auge der Pflanze, besonders auf. Die rasenbildende Pflanze mit nicht blühenden Blattbüscheln treibt aufrechte, meist nur 5–10 cm hohe Blütenstängel. Diese sind unverzweigt und einköpfig. Sie besitzen linealische, ganzrandige oder gezähnte Stängelblätter. Dagegen sind die grundständigen Blätter kammförmig fiederteilig. Sie sind im Umriss rundlich-eiförmig und haben drei bis sieben nach vorne gerichtete, schmale Fiederabschnitte. Die 3–5 cm breiten Blütenköpfe haben eine halbkugelige Hülle aus grünen Hüllblättern mit breiten, schwarzbraunen Rändern. Bei schlechtem Wetter sind die weißen, schmalen Zungenblüten zurückgeschlagen.

Zahlreiche, winzige, 3 mm lange Früchtchen mit einem Gewicht von weniger als 0,4 mg sorgen für die Verbreitung durch den Wind. Bestäubt wird die Pflanze von Fliegen, Schmetterlingen und Käfern.

Die Alpenmargerite überwintert mit grünen Blättern und kann somit auch im Winter Fotosynthese betreiben.

Vorkommen und Verbreitung

In den Alpen trifft man die Alpenmargerite in Höhen zwischen 1800 und 3600 ziemlich häufig an. Am Monte Rosa hat man sie noch bei über 3800 m entdeckt. Sie gehört also zu den am höchsten steigenden Arten der Alpen.

Die Alpenmargerite ist eine süd-mitteleuropäische Gebirgspflanze, die in mehreren geografischen Rassen oder Unterarten vorkommt. Verbreitet ist die Gesamtart in den Alpen, Pyrenäen, Karpaten, im Apennin und in den Illyrischen Gebirgen.

Caspari 2018

Die Alpenmargerite, eine der am höchsten steigenden Alpenpflanzen, gehört zu den ersten Blütenpflanzen, die frei werdende Gletschermoränen besiedeln.

Eine Pionierpflanze mit besonderer Besiedlungsstrategie

Die Alpenmargerite ist eine Pflanze sehr unterschiedlicher, aber stets kalkfreier oder kalkarmer Standorte, wie Felsschutt, Moränen und Gletschervorfelder, Felsböden und Schneetälchen. Auf den Gletschervorfeldern, also den Schotterflächen, die von den im Rückzug befindlichen Gletschern frei werden, gehört sie zu den ersten Blütenpflanzen, die sich dort ansiedeln. Sie ist also nicht sehr wählerisch. Was die Pflanze nicht verträgt, ist eine stärkere Beschattung durch eine dichte Pflanzendecke. Als charakteristische Pionierpflanze hat die Alpenmargerite bei der Keimung ein starkes Lichtbedürfnis und verträgt daher keine Konkurrenz durch andere Pflanzen. Daher spezialisiert sich die Art auf offene, nur lückig bewachsene Standorte. Diese bieten auch den Vorteil, dass sie durch die direkte Sonneneinstrahlung stärker erwärmt werden, was für eine rasche Keimung vorteilhaft ist. Die zahlreichen, sehr leichten Samen, die durch den Wind verbreitet werden, garantieren der Pflanze eine erfolgreiche Besiedlung.

Die Alpenmargerite bevorzugt auch Felsspalten. Dort kann sie (fast) konkurrenzlos leben.

Kriechende Nelkenwurz

{Geum reptans}

Familie Rosengewächse (Rosaceae)

Porträt

Die Kriechende Nelkenwurz, auch Gletscher-Petersbart genannt, hat einen kräftigen, verholzten Wurzelstock, der oben von zahlreichen, abgestorbenen Blattresten zum Schutz der lebenden Sprosse und Pflanzenteile bedeckt ist. Die Grundblätter sind gefiedert, ihre seitlichen, tief gesägten Fiederblätter nehmen zum Blattgrund hin an Größe ab. Die Endfieder ist, im Gegensatz zur ähnlichen Berg-Nelkenwurz *(Geum montanum)*, nur wenig vergrößert.

Dem Wanderer fallen zuerst die großen, leuchtend goldgelben Blüten ins Auge. Diese sitzen einzeln an 10–15 cm langen Stängeln mit langen, abstehenden, meist rotbraunen Haaren. Nach der Blüte verlängern sich die Blütenstängel bis 25 cm. Die Pflanze verbreitet sich auch vegetativ durch auffällige, über einen Meter lange, erdbeerartige Ausläufer.

Die 3–4 cm großen Blüten besitzen sechs bis acht goldgelbe Kronblätter und rotbraune Kelchblätter. Die zahlreichen grannenartigen und federhaarigen Griffel der Blüte verlängern sich zur Fruchtreife bis auf eine Länge von 3 cm. Sie dienen als Flugorgan zur Verbreitung der Samen durch den Wind. Bis zu hundert Griffel sind auf einem Fruchtstand vereinigt. Sie bilden zusammen eine zierliche Fruchtperücke oder gleichen einem «Wildenmännlesbart».

Die Kriechende Nelkenwurz wächst in einer Höhe zwischen 2000 und 3400 m (selten tiefer) und blüht von Juni bis September.

Caspari 2018

Die Kriechende Nelkenwurz wird auch Gletscher-Petersbart genannt. Diesen Namen erhielt sie aufgrund der perückenartigen Fruchtstände, gebildet von zahlreichen federhaarigen Griffeln, die sich zur Reife stark verlängern.

Die Kriechende Nelkenwurz, zur Blütezeit mit leuchtend goldgelben Blüten, treibt meterlange Ausläufer, an deren Ende neue Tochterpflanzen entstehen.

Bodenfestiger und Humussammler

Die Art bevorzugt kalkfreie oder kalkarme, feuchte Rohböden, Fein- und Grobschutt sowie Gletschermoränen. Man trifft sie auch oft in humusreichen Felsspalten an. Dort kann sie unbehelligt von Konkurrenten ihr Dasein fristen. Die Kriechende Nelkenwurz hat gute Ausbreitungschancen mit ihren zahlreichen, meterlangen Ausläufern, die sich zwischen den Felsblöcken winden, bis sie auf besseren Boden stoßen, um dort Wurzeln für eine neue Tochterpflanze zu treiben. Als Bodenfestiger auf Schutthalden und als Humussammler bereitet sie die Standorte für anspruchsvollere Rasenpflanzen. Diese machen sich dann breit und die Kriechende Nelkenwurz hat ihre Aufgabe als Pionierpflanze erfüllt. In geschlossenen, blumenreichen Rasen und Matten mit vielen Gräsern und Seggen zu leben, ist nicht ihr Fall.

Verbreitung

Als mittel- und südeuropäische Gebirgspflanze ist die Nelkenwurz in den Alpen, in den Karpaten, in der Tatra und in den Gebirgen der Balkanhalbinsel verbreitet. In den Alpen kommt die Art vor allem in den Zentral- und Südalpen vor und fehlt in den nördlichen Kalkalpen ostwärts vom Allgäu.

Die ähnlich aussehende Berg-Nelkenwurz *(Geum montanum)* unterscheidet sich durch weit größere Endfieder der Grundblätter und durch das Fehlen der langen Ausläufer. Die Pflanze kommt zwar in ähnlichen Höhenlagen zwischen 1600 und 3500 m vor, aber ihre bevorzugten Standorte sind bodensaure Magerweiden und geschlossene, alpine Rasengesellschaften sowie Zwergstrauchweiden.

Nelkenwurzarten in der Volksheilkunde

Die Echte Nelkenwurz *(Geum urbanum),* die Bach-Nelkenwurz *(G. rivale),* die Berg-Nelkenwurz *(G. montanum)* und die Kriechende Nelkenwurz *(G. reptans)* enthalten im Wurzelstock und in den Wurzeln Gerbstoffe sowie das ätherische Öl Eugenol, das auch Bestandteil der Gewürznelke ist. Es hat schmerzstillende, antibakterielle und entzündungshemmende Wirkungen. In der Kräuterheilkunde wird die Pflanze auch Berg-Benediktenkraut (von lateinisch «herba benedicta» = gesegnetes Kraut) genannt.

Schnee-Enzian

{*Gentiana nivalis*}

Familie Enziangewächse (Gentianaceae)

Porträt

Der Schnee-Enzian ist ein äußerst zierliches Pflänzchen mit einer zarten, spindelförmigen Wurzel und einem fadenförmigen Stängel. Die Pflanze ist oft nur wenige Zentimeter hoch und zeigt lediglich einen kleinen, azurblauen Blütenstern. Gut entwickelte Exemplare jedoch werden bis zu 30 cm hoch, sind von Grund an verzweigt und tragen an den Enden der Äste die leuchtend blauen, 8–12 mm breiten Blütensterne. Der Kelch besitzt fünf lanzettliche, spitze Zähne. Die zylindrische Kelchröhre hat gekielte Kanten. Die eiförmigen Grundblätter sind in einer lockeren Rosette angeordnet. Die drei- bis fünfnervigen Stängelblätter sind eiförmig bis lanzettlich und spitz.

Vorkommen und Verbreitung

Der Schnee-Enzian blüht von Juni bis September. Er erzeugt zahlreiche, kaum 0,5 mm lange, flugfähige Samen. Diese sind extrem leicht, etwa 70 000 Samen bringen nur 1 g auf die Waage. Die Samen reifen kurz nach der Blüte aus. Nach dem Blühen und Fruchten geht die Pflanze ein. Der Schnee-Enzian gehört unter den Alpenpflanzen zu den wenigen einjährigen Arten, die ihren Lebenszyklus in wenigen Monaten abwickeln müssen.

Der Schnee-Enzian bevorzugt offene Weiden und Magerrasen auf tonigen, kalkreichen oder mäßig sauren Böden in einer Höhe zwischen 1500 und fast 3000 m. Auch sonnige Felsbänder und Gipfelgrate, die im Winter oft schneefrei und windgepeitscht sind, vermag die Pflanze zu besiedeln. Als einjähriger Art können ihr winterliche Fröste und Stürme nichts anhaben. Es überdauern nur ihre Samen im Boden. Diese brauchen ohnehin eine längere Frostperiode und keimen dann nur bei einer ausreichenden Lichteinwirkung. Die Pflanze gehört zu den sogenannten Lichtfrostkeimern. Gelegentlich kommt der Schnee-Enzian auch in Flachmooren und zwischen Moospolstern vor.

Der Schnee-Enzian ist eine arktisch-alpine Pflanze. Sie hat in den Gebirgen der Nordhalbkugel und in den arktischen Gebieten wie Grönland, Island und dem arktischen Nordamerika eine weite Verbreitung. In den mittel- und südeuropäischen Gebirgen ist sie in den Alpen, Pyrenäen, im Jura, in den Karpaten, Abruzzen, im Apennin, auf der Balkanhalbinsel und in Kleinasien vertreten.

Ähnlich ist der Schlauch-Enzian *(Gentiana utriculosa)*. Er ist ebenfalls einjährig und zeichnet sich durch den aufgeblasenen, an den Kanten breit geflügelten Kelch aus. Er bevorzugt feuchte Wiesen und Matten, Magerrasen und Kalkflachmoore von den Tallagen bis in Höhen von etwa 2400 m. Verbreitet ist er hauptsächlich in den mittel- und südeuropäischen Gebirgen.

Caspari 2018

Der Schnee-Enzian mit seinen azurblauen Blütensternen. Sobald sich die Sonne hinter einer Wolke versteckt, schließt er seine Blüten.

Ein Spiel mit der Sonne

Die Blüten des Schnee-Enzians reagieren spontan auf Sonnenbestrahlung. Bei Sonne öffnen sie sich, verschwindet die Sonne hinter einer Wolke, so drehen sie innerhalb einer Minute die Kronblätter schraubig ineinander. Die Wissenschaft nennt dieses Phänomen Fotonastie. Als Nastien bezeichnet man Bewegungsvorgänge von Pflanzenteilen, die durch Licht, Erschütterungen oder plötzliche Temperaturänderungen ausgelöst werden. Bei Temperaturänderungen (Thermonastie) oder bei Wind und starkem Regen sowie bei stärkeren Erschütterungen (Seismonastie) schließen sich die Blüten. Somit schützt die Pflanze ihre Blüten vor Regen und Wind. Sie «wartet», bis sich das Wetter beruhigt hat und die Sonne sich wieder zeigt.

Der Schnee-Enzian bevorzugt offene Weiden und Magerrasen.

Wulfens Hauswurz

{*Sempervivum wulfenii*}

Familie Dickblattgewächse (Crassulaceae)

Porträt

Wulfens Hauswurz, auch Gelbe Hauswurz genannt, ist eine mehrjährige Pflanze. Auffällig ist die grundständige Blattrosette mit einem Durchmesser von etwa 4–8 cm. Die grünen bis blaugrünen Rosettenblätter haben eine stachelförmige Spitze und einen mit Drüsenhaaren besetzten Rand.

Aus der Blattrosette entspringt nach 3–5 Jahren ein kräftiger, 10–30 cm hoher, oberwärts drüsig-zottiger Blütentrieb mit einem reich verzweigten Blütenstand. Die 2–3 cm breite Blütenkrone besteht aus 12–18 zitronengelben, linealischen, spitzen Kronblättern und purpurfarbenen bis purpurgrünen Staubfäden mit gelben Staubbeuteln. Erst wenn die Staubbeutel ihre Pollen verstreut haben, entwickelt sich die Narbe, dadurch wird eine Selbstbestäubung verhindert. Die Blütezeit der Gelben Hauswurz ist Juli bis August. Nach der Fruchtreife stirbt die ganze Pflanze. Doch vorher bildet die Art durch Seitentriebe weitere kugelige Rosetten aus. Zusätzlich treibt die Gelbe Hauswurz einen schnurartigen Ausläufer aus, an dessen Ende ebenfalls eine kugelige Blattrosette sitzt. Sobald diese im Boden Wurzeln gefasst hat, stirbt der Ausläufer ab und eine neue, selbstständige Pflanze ist entstanden.

Der lateinische Gattungsname *Sempervivum* leitet sich vom lateinischen «semper» (immer) und «vivus» (lebend) ab und bedeutet so viel wie immergrün; mit dem Artname *wulfenii* wurde der Jesuit, Botaniker und Mineraloge Franz Xaver Freiherr von Wulfen (1728–1805) geehrt. Der Gattungsname sagt schon viel darüber aus, dass diese Pflanzen ganz besondere Überlebensstrategien entwickelt und sich an ihre Umgebung gut angepasst haben.

Vorkommen und Verbreitung

Die Gelbe Hauswurz bevorzugt steinige Matten, Felsschutt und lückige Zwergstrauchheiden auf sonnigen, meist kalkarmen Böden in Höhenlagen von etwa 1500–2700 m. Das Verbreitungsgebiet der hauptsächlich im Ostalpenraum beheimateten Pflanze ist im Bergell, in den Bergamasker Alpen sowie in den Hohen und Niederen Tauern. In der Schweiz ist die Gelbe Hauswurz noch zusätzlich im Wallis, Ober- und Unterengadin sowie im Puschlav anzutreffen. In den nördlichen und südlichen Kalkalpen fehlt die Art.

Wulfens Hauswurz oder die Gelbe Hauswurz ist eine endemische Art der Alpen, das heißt, ihr Vorkommen ist auf die Alpen beschränkt.

Rund fünfzig Arten zählt die Gattung Hauswurz *(Sempervivum),* die in den Gebirgen Mittel- und Südeuropas, im Kaukasus, im Himalaya und auf den atlantischen Inseln verbreitet sind.

Caspari 2017

Wassermangel – ein komplexes Problem

Die Hauswurzarten sind neben den Arten der Fetthenne *(Sedum)* die einzigen Vertreter der Blattsukkulenten in den Alpen. «Suculentus» bedeutet auf Lateinisch «saftreich» – diese Pflanzen haben dicke, fleischige Blätter ausgebildet, die hervorragende Wasserspeicher sind. Mit dieser Ausstattung können sich die Hauswurzarten auch an lebensfeindliche, trockene und sonnige Standorte wagen. Sie gedeihen also an Standorten mit wenig Humus, wo der Boden kaum Wasser speichern kann, an steilen Hängen, wo der Regen rasch abfließt, und sie überleben auch die trockenen Wintermonate, wenn das meiste Bodenwasser gefroren ist.

Der «Vorratsbehälter» für Wasser wäre somit geschaffen, aber er muss soweit abgedichtet sein, dass keine größeren Verluste auftreten. Damit die Blätter bei starkem Wind und starker Sonneneinstrahlung möglichst wenig Wasser durch Verdunstung (Transpiration) abgeben, haben die Hauswurzarten eine dicke «Cuticula» ausgebildet. Darunter versteht man einen wachsartigen Überzug an der Blattoberfläche, der den Wasserverbrauch der Pflanze drastisch reduziert. Die glatte Blattoberfläche reflektiert zudem noch das einfallende Sonnenlicht.

Damit ist zwar die Abdichtung zur Reduzierung des Wasserverbrauches perfekt, aber die Pflanzen wären von der Außenwelt abgeschnitten, wenn sie nicht Spaltöffnungen (Stomata) hätten, die den Gasaustausch ermöglichen. Bei den Hauswurzarten befinden sich die Spaltöffnungen wie bei den meisten Pflanzen an der Unterseite der Blätter und sind zusätzlich eingesenkt, um die austrocknende Wirkung des Windes zu mindern.

Tagsüber schließen die Hauswurzarten ihre Spaltöffnungen, wodurch zwar der Wasserverbrauch stark eingeschränkt, aber der Gasaustausch, vor allem mit dem für die Pflanze lebensnotwendigen Kohlenstoffdioxid, ebenfalls unterbunden wird.

Eine gedrosselte Kohlenstoffdioxidzufuhr bringt für die Pflanze erhebliche Nachteile, weshalb weitere Anpassungen nötig sind, um die prekäre Situation zu meistern. Eine Reihe von Pflanzen sonniger Trockenstandorte haben sich einen Trick «ausgedacht»: Nachts, bei geöffneten Spaltöffnungen schleusen sie das Kohlenstoffdioxid in das Blattinnere. Es wird dann auf komplexen chemischen Wegen an Äpfelsäure gebunden und gespeichert. Tagsüber, wenn die Spaltöffnungen wieder geschlossen sind, wird das gebundene Kohlenstoffdioxid wieder freigesetzt und steht für die Fotosynthese zur Verfügung. Pflanzen, die diesen sogenannten Crassulaceen-Säurestoffwechsel nutzen, nennt man CAM-Pflanzen, nach der englischen Bezeichnung «crassulacean acid metabolism».

Oft überraschend erscheint die Gelbe Hauswurz als Pionierpflanze auf erodierten, steinigen Hängen in größeren Beständen.

Die dicken, fleischigen Blätter der Gelben Hauswurz dienen als Vorratsspeicher für Wasser in dürren Zeiten. Um die Verdunstung zu drosseln, haben die Blätter einen wachsartigen Überzug.

Berg-Hauswurz

{*Sempervivum montanum*}

Familie Dickblattgewächse (Crassulaceae)

Porträt

Charakteristisch für die Berg-Hauswurz sind die kugeligen oder etwas sternförmig ausgebreiteten, etwa 2–3 (–5) cm großen Blattrosetten am Grund der Pflanze. Die einzelnen Rosettenblätter sind dick, fleischig, lanzettlich. Die Blattflächen sind beiderseits von winzigen Drüsenhaaren besetzt. Die Pflanze verströmt einen intensiven Harzgeruch.

Bevor die Pflanze zur Blüte gelangt, bildet sie in den ersten zwei bis drei Jahren Ausläufer mit Tochterrosetten aus, die sich verwurzeln und als neue, selbstständige Pflanzen heranwachsen. Dann erst setzt die Mutterpflanze zur Blüten- und Fruchtbildung an und stirbt danach ab.

Zur Blütezeit treibt die Berg-Hauswurz aus der Rosette einen 10–20 cm hohen, dicht drüsenhaarigen, beblätterten Blütenschaft aus, der am Ende zwei bis acht Blüten trägt. Die Blüten bestehen aus 10–13 lanzettlichen, 10–20 mm langen, weinroten oder hellpurpurnen Kronblättern mit dunklerem Mittelnerv.

Die winzigen Samen wiegen nur 0,2 mg und werden durch den Wind über große Strecken verbreitet.

Neben der Hauptart gibt es noch als Unterart die Steirische Berg-Hauswurz (subsp. *stiriacum*). Sie unterscheidet sich durch größere und ausgebreitete Blattrosetten mit braun bespitzten Blättern und drüsenköpfigen Wimpern sowie fast doppelt so großen Blüten.

Vorkommen und Verbreitung

Die Berg-Hauswurz wächst auf sonnigen, steinigen Bergmatten, Schuttfluren und Felsspalten in einer Höhe zwischen 1500 und 3400 m. Sie ist eine mittel- und südeuropäische Gebirgspflanze. Verbreitet ist sie in den Alpen, Pyrenäen, Karpaten, im Apennin, auf Korsika und in den Apuanischen Alpen.

Die Steirische Berg-Hauswurz hingegen ist in den Ostalpen endemisch. Sie löst die Hauptart ab dem Großglocknergebiet ab und ist weiter ostwärts bis zum Steirischen Randgebirge anzutreffen.

Eine weitere sehr ähnliche und hübsche Hauswurzart der Alpen ist die Spinnweb-Hauswurz *(S. arachnoideum)*. Sie ist leicht an den langen, weißen Haaren der Blattrosette zu erkennen. Diese Haare, die die Spitzen der Rosettenblätter verbinden, sind umgewandelte Drüsenhaare und dienen als Sonnen- und Verdunstungsschutz an den sonnigen Gebirgsstandorten.

Die artenreiche Gattung besitzt eine europäisch-westasiatische Verbreitung. Als Entstehungszentrum wird der Mittelmeerraum angesehen. Die Vorfahren der Gattung Hauswurz *(Sempervivum)* sind wohl subtropischer Herkunft und waren meist als Halbsträucher ausgebildet. Die Bildung einer Rosette sowie die rote Farbgebung der Blüten werden als Anpassung an die alpinen Verhältnisse gedeutet. Die Gattung ist offenbar in ihrer Entwicklungsgeschichte oder in ihrer Evolution noch sehr jung. Sie enthält zahlreiche, sehr ähnliche Arten und Unterarten, die zudem noch untereinander bastardieren. Dadurch ergeben sich weitere unzählige Rassen und Sippen, die eine Übersicht erschweren. Andererseits sind Gärtner und Liebhaber der Steingärten über diese Vielfalt erfreut.

Mythen und Naturbeobachtungen

Zwei Welten standen einander zur Zeit Karl des Großen gegenüber: einmal die Welt der Mythen und des Aberglaubens und zum anderen die Gabe der realen

Caspari 2018

Naturbeobachtung. Donar und Jupiter galten als die Götter, die den Blitz unter Kontrolle hatten. Der Trivialname Donnerkraut und Jupiterbart für die Hauswurzarten dürfte auf diese Vorstellung zurückzuführen sein. Andererseits beobachtete man damals auch, dass Hausdächer (meistens aus Holz) mit einer wasserspeichernden Vegetationsdecke, die über lange Zeit feucht bleibt, nicht so leicht in Brand geraten.

Karl der Große ordnete daher in seiner Landgüterverordnung um 812 nach Christus in einer Art «Feuerschutzverordnung» an, dass jedes Hausdach mit Hauswurzpflanzen zu bestücken sei, um es, wie der Volksglaube besagte, vor Blitzschlag zu schützen. Über viele Jahrhunderte wurde die Hauswurz (meist ohne genaue Artbestimmung) als Zauberpflanze verwendet, die das Haus vor Hexen und die Tiere im Stall vor Seuchen schützen sollte. Auch wurden aus Hauswurzpflanzen Hexensalben hergestellt.

In der Volksheilkunde genießen die Hauswurzpflanzen zur Wundheilung und bei Hautleiden noch heute hohes Ansehen.

Die Berg-Hauswurz mit ihren fleischigen Blattrosetten bevorzugt sonnige, trockene Felsspalten und Schuttfluren.

Gut gerüstet für trockene Lebensräume

Die Berg- und die Spinnweb-Hauswurz verfügen über ähnliche Überlebensstrategien wie die Wulfens Hauswurz (siehe Seite 84). Alle Arten bilden ein kräftiges Wurzelsystem aus, das tief in den Boden eindringt, um eine gute Verankerung zu gewährleisten und eine effektive Wasseraufnahme aus tieferen Schichten zu ermöglichen. Ein dichtes Pilzgeflecht von Mykorrhizapilzen, mit denen die Hauswurzarten in Symbiose leben, optimiert die Wasserausbeutung an den meist sonnigen und trockenen Standorten.

Die dicken, fleischigen Blätter der kugeligen Blattrosetten der Berg-Hauswurz dienen als hervorragender Wasserspeicher. Ein kräftiges Wurzelsystem gewährleistet eine gesicherte Wasserversorgung.

3

SCHUTTKARE, SCHUTT- UND GERÖLLHALDEN

Schuttkare und Geröllhalden sind für Pflanzen Extremstandorte, weil der Untergrund in ständiger Bewegung ist. Nur wenigen Pflanzenarten gelingt es, diesen Lebensraum zu besiedeln. Dem unstabilen Boden begegnen die Arten, welche hier wachsen, mit unterschiedlichen Wuchsformen. Schuttwanderer, wie das Rundblättrige Täschelkraut und die Zwerg-Glockenblume, verlängern bei Überschüttung ihre Triebe, bis sie wieder ans Licht gelangen. Schuttüberkriecher – beispielsweise das Alpen-Leinkraut – überdecken den Schutt mithilfe ihrer schlaffen, beblätterten Triebe. Schuttstauer bilden feste Triebe und Polster mit Pfahlwurzeln und dichtem Feinwurzelwerk. Sie werden dadurch zu Hindernissen für den fließenden Schutt. Alpen-Mohn, Alpen-Mannsschild und Gletscher-Hahnenfuß gehören zu diesen Arten. Und schließlich gibt es die Schuttstrecker: Diese Arten, wie der Krause Rollfarn (siehe Seite 204), arbeiten sich durch Verlängerung ihrer kräftigen, aufrechten Triebe durch die Schuttdecke.

Arten

- Rundblättriges Täschelkraut *(Thlaspi rotundifolium)*
- Zwerg-Glockenblume *(Campanula cochleariifolia)*
- Alpen-Leinkraut *(Linaria alpina)*
- Formenkreis Alpen-Mohn *(Papaver alpinum)*
- Alpen-Mannsschild *(Androsace alpina)*
- Gletscher-Hahnenfuß *(Ranunculus glacialis)*

Felswände aus Kalk und Dolomitgestein liefern gewaltige Schuttkare, die ständig in Bewegung sind. Am unteren Ende, wo der Schutt zur Ruhe gekommen ist, bildet sich Humus aus, wo eine Besiedlung möglich ist.

Strategien

- Strategien bei Überschüttungen: siehe oben.
- Strategien bei Wasserknappheit und Nährstoffmangel: Ausnutzung des geringen Angebotes in kleinen Depots des Schuttkörpers mithilfe langer Kriechtriebe und eines Feinwurzelwerkes.
- Strategien gegen Kälte und Frost: Standorte mit langer Schneebedeckung.
- Strategien bei sehr langer Schneebedeckung: Verlagerung der Reservestoffe in unterirdische Organe, Verharren in einem Ruhestadium, Ausbildung der Blüten und Früchte wird auf mehrere Jahre verteilt.

Rundblättriges Täschelkraut

{*Thlaspi rotundifolium*}

Familie Kreuzblütler (Brassicaceae oder Cruciferae)

Porträt

Das Rundblättrige Täschelkraut ist ein zierliches, 5–15 cm hohes Pflänzchen, das mit zahlreichen blühenden und nicht blühenden Sprossen im groben Geröll kriecht. Es hat hellviolette, wohlriechende Blüten mit dunkleren Adern. Der Blütenstand ist eine reichblütige, kugelige Doldentraube. Die Blüte besteht aus hellvioletten oder rosafarbenen, 5–7 mm langen Kronblättern und vier schmal-elliptischen, oft violett überlaufenen, 2–3 mm langen Kelchblättern. Die blaugrünen, etwas fleischigen, meist ganzrandigen oder schwach gezähnten Blätter sind in einer grundständigen Rosette angeordnet. Sie sind 1–2 cm lang, rundlich bis eiförmig und in einen langen Blattstiel verschmälert. Die Blätter der aufrechten Blütensprosse sitzen mit breitem Grund an dem Stängel. Aufgrund des würzigen, kresseartigen Geschmacks der Blätter wird die Pflanze gern von Gämsen gefressen.

Die Frucht ist ein verkehrt-eiförmiges, 7–11 mm langes Schötchen.

Das Rundblättrige Täschelkraut blüht von Juni bis September. Die Blütenanlagen sind bereits im Herbst weit entwickelt, sodass die Blüten im Frühjahr bald nach dem Ausapern der Schneedecke erscheinen.

Vorkommen und Verbreitung

Das Rundblättrige Täschelkraut ist ein typischer Besiedler der Schuttkare und des beweglichen Grobschuttes in einer Höhe zwischen 1400 und 3400 m. In den nördlichen und südöstlichen Kalkalpen kommt sie nur auf Kalk- und Dolomitgestein vor. Nah verwandte Arten trifft man in den Pyrenäen, im Apennin und in den Karpaten an.

Leben in einer scheinbar leblosen Steinwüste

Am Fuß der steilen Felswände der Kalk- und Dolomitstöcke der Hochalpen entstehen durch Verwitterung des spröden Gesteins im Laufe der Jahrhunderte riesige Schutthalden aus Gesteinsbrocken von wenigen Zentimetern bis zu einigen Dezimetern. Aufgrund der Schwerkraft und auch des fließenden Wassers bei Starkregen bewegen sich diese Schuttreißen talwärts, während von oben erneut weiteres sprödes, kantiges Gesteinsmaterial nachgeliefert wird.

Diesen äußerst lebensfeindlichen Kalkgrobschutt, der sich ständig in Bewegung befindet, hat sich das Rundblättrige Täschelkraut als Lebensraum erkoren. Viele Konkurrenten hat die Art an diesen Extremstandorten nicht zu befürchten. Oft ist sie die einzige Art, die sich dort behaupten kann. Mit einer kräftigen, reißfesten Pfahlwurzel verankert sich die Pflanze im lockeren Geröll und erreicht eine gewisse Standfestigkeit. Von der Pfahlwurzel gehen mehrere Dezimeter lange Ausläufer aus. Diese langen Kriechtriebe sind sehr zäh und halten kleineren Bewegungen des Schuttkörpers stand oder wandern durch Verlängerung der Triebe im Schuttstrom mit. Daher zählt das Rundblättrige Täschelkraut zu den sogenannten Schuttwanderern.

Caspari 2018

Das Rundblättrige Täschelkraut ist oft die einzige Art, die man an diesen Extremstandorten vorfindet. Es besitzt lange, unterirdische, zähe Kriechtriebe; sobald diese ans Licht gelangen, bilden sie Blattrosetten und Blütenstände aus. Die Art zählt zu den Schuttwanderern.

Ein steiles Schuttkar mit Grob- und Feinschutt. Auch größere Felsbrocken schwimmen auf dem beweglichen Schutt.

Leben unter Tage

In den tieferen Schichten des Schuttes befinden sich stellenweise spärliche Ansammlungen von Feinerde, die einsickerndes Niederschlagswasser speichern. Die darüberliegende «Steinluftschicht» isoliert und schützt diese winzigen Feuchtigkeitsvorräte vor Austrocknung. Auch Flugstaub, den man oft als schwarze Ränder auf abschmelzenden Schneeresten beobachten kann, wird vom Regen in tiefere Schichten gespült. Diese Feinerdeansammlungen, bestehend aus fein zermahlenem Kalkgestein und eingewehtem Flugstaub, stellen einen bescheidenen Nährstoff- und Wasservorrat dar. Stoßen nun die dünnen, unterirdischen Triebe des Rundblättrigen Täschelkrautes auf solch eine Feinerdeansammlung, so bilden sie ein Feinwurzelsystem aus, um Nährstoffe und Wasser zu tanken.

Die unterirdischen Kriechtriebe besitzen nur kleine, schuppenförmige Blätter (Niederblätter). Sobald diese lang gestreckten, unterirdischen Triebe ans Licht kommen, verkürzen sie die Sprosse, wie die meisten Pflanzen der Hochlagen unter dem Einfluss der intensiven UV-Strahlung, und bilden die grundständigen Blattrosetten und schließlich die beblätterten Blütenstände aus.

Auch ein Same der Pflanze hat nur eine Chance zu keimen, wenn er in eine Feinerdeansammlung gelangt. Dort treibt er sehr rasch aus. Bereits nach zehn Tagen können die Triebe eines Keimlings eine Länge von 20 cm erreichen. Damit der Same keimfähig wird, muss er als sogenannter Frostkeimer zuvor einer Frostperiode ausgesetzt werden.

Im Gegensatz zu den meisten Pflanzenarten, die danach streben, sich an der Oberfläche möglichst auszubreiten und eine mehr oder weniger geschlossene Vegetationsdecke auszubilden, sind die oberirdischen Teile, die Blattrosetten und Blütenstände des Rundblättrigen Täschelkrautes nur sehr spärlich ausgebildet. Oft befinden sich auf vielen Quadratmetern der Schuttfläche nur ganz wenige blühende oder nicht blühende Exemplare. Dagegen findet im unterirdischen Schuttkörper eine gewisse Wurzelkonkurrenz der Pflanzen statt, die sich die Nährstoffe und Wasservorräte der Feinerdeansammlungen streitig machen.

Zwerg-Glockenblume

{Campanula cochleariifolia}

Familie Glockenblumengewächse (Campanulaceae)

Porträt

Die Zwerg-Glockenblume ist ein zierliches, kleines, ausdauerndes, also mehrjähriges, 5–10 cm hohes Pflänzchen und wird nur selten über 15 cm groß. Die Grundblätter sind gestielt, die Blattfläche breit-eiförmig bis rundlich und grob gezähnt. Die oberen Stängelblätter sind schmal-lanzettlich. Die zierlichen, nickenden, glockenförmigen, hell- bis tiefblauen Blüten mit einer Länge von 10–20 mm hängen einzeln an dünnen Stielen oder zu zweit bis zu sechst in traubigen, einseitswendigen Blütenständen. Die grünen Kelchblätter sind pfriemenförmig. Die zahlreichen Samen befinden sich in einer Porenkapsel, die am Grund mit kleinen Löchern und Poren versehen ist. Zur Reifezeit werden die Samen wie aus einer Streubüchse – ähnlich wie bei der Mohnkapsel – ausgestreut. Bei den elastischen, dünnen Blütenstängeln genügt für die Ausbreitung der Samen bereits ein kleiner Windstoß.

Vorkommen und Verbreitung

Die Zwerg-Glockenblume ist eine vielseitige Pflanze. Sie begnügt sich mit Lebensräumen, die für viele Pflanzenarten zu karg und unwirtlich sind. Ihre Standorte sind einmal die Schuttkare und zum anderen enge Felsspalten auf Kalk- und Dolomitgestein der höheren Alpenregionen bis in eine Höhe von 3000 m im ganzen Alpenraum. Auf den Schotter- oder Kiesbänken der Alpenflüsse trifft man die Art als sogenannte Alpenschwemmlinge auch im Talbereich immer wieder an. Dort bildet sie zahlreiche Ausläufer und kann sich somit zu größeren Rasenstücken ausbreiten.

Die Blütezeit schwankt je nach Höhenlage zwischen Juni und September. An den Flussufern des Alpenvorlandes blüht sie bereits im Mai oder sogar früher.

Die Zwerg-Glockenblume ist eine süd-mitteleuropäische Gebirgspflanze. Verbreitet ist sie in den Alpen, im Zentralmassiv, Jura und Schwarzwald, in den Vogesen, Karpaten und in Illyrien.

Zum Wandern gezwungen

Schuttkare sind ständig in Bewegung. Dabei werden die Pflanzen immer wieder mit Gestein überschüttet. Die Pflanze hilft sich dadurch, dass sie ihre Triebe, die vom Wurzelhals ausgehen, verlängert, bis sie wieder ans Licht gelangen und Blätter und Blüten ausbilden können. Die zahlreichen Triebe durchspinnen gleichsam den Boden und wandern bei den Bewegungen des Schuttkörpers passiv mit. Schuttpflanzen mit diesen Wuchsformen oder Lebensformen zählt man zu den Schuttwanderern. Als zweiten Lebensraum wählt die Zwerg-Glockenblume enge Felsspalten.

Vorteile am Fels

Für Wasser und Nähstoffe ist gesorgt. Beides steht der Glockenblume aus dem Depot der Felsspalte zur Verfügung. Der Standort Fels birgt – so unglaublich es klingen mag – noch andere Vorteile. Die Zeit der Schneebedeckung beträgt gerade in den Hochlagen viele Monate, sodass die Zeiten, in der für die Pflanze mithilfe der Fotosynthese eine Stoff- und Energieproduktion möglich ist, oft stark verkürzt sind. An geneigten oder steilen Felswänden gleitet der Schnee rasch ab. Die schneefreie Zeit ist dadurch gegenüber Mulden oder ebenen Flächen verlängert. Allerdings sind die Temperaturgegensätze an Felsstandorten zwischen Tag und Nacht sehr groß. Ein besonnter Fels erreicht im zeitigen Frühjahr angenehme Plusgrade, während die Lufttemperatur in

Caspari 2018

der Nacht oft noch winterliche Minusgrade aufweist. Im Sommer heizt sich eine Felswand sogar bis zu 50 °C auf, während im Winter die Temperaturen unter –40 °C sinken.

Pflanzen der Felsspalten, wie auch unsere Zwerg-Glockenblume, die bis auf 3000 m Meereshöhe steigt, bevorzugen in höheren Lagen sonnseitige Standorte. In tiefer gelegenen, wärmeren Bereichen weichen sie lieber auf die Schattenlagen aus, da sie sonst infolge stärkerer Verdunstung und höheren Wasserverbrauchs in Bedrängnis kommen.

Wie zierliche Pflänzchen, so auch die Zwerg-Glockenblume, mit den oft extrem niedrigen Temperaturen ohne Schneeschutz zurechtkommen, ist eine Frage, die von der Wissenschaft noch kaum geklärt ist. Untersuchungen zur Ökologie der Pflanzen im hochalpinen Bereich gibt es nur wenige und diese beschränken sich meist auf ältere Arbeiten.

Für die Pflanzen der Hochlagen ist das allerdings unerheblich. Sie wachsen und gedeihen dort, wo sie mit Erfolg Fuß fassen können, unbekümmert von wissenschaftlichen Ergebnissen.

Die Zwerg-Glockenblume zwängt sich auch in enge Felsspalten, wo sie konkurrenzlos leben kann.

Überlebenskünstler in einem beengten Raum

Eine kleine, zarte Glockenblume im rauen Kalkfels in großen Höhen, welche Möglichkeiten oder Chance hat das Pflänzchen? Zunächst muss man wissen (bedenken), dass an einem Felsblock oder in einer Felswand die Lebensbedingungen auf engstem Raum wechseln. Die Glockenblume sitzt nicht auf der Oberfläche eines nackten Felsens, sondern sie hat als Behausung eine schmale Felsspalte gewählt. Zwischen den Ritzen und Spalten sammelt sich über die Jahre reichlich Feinerde an. Dort herrscht ein reiches Bodenleben aus Asseln, Würmern und vielen Kleinlebewesen, die zur Humusbildung beitragen.

Der Humusgehalt des Mikrostandortes «Felsspalte» ist im Vergleich zum Humusgehalt der Feinerde eines Kalkschuttes oder einer Geröllhalde etwa zehnmal so hoch. Auch mit der Wasserversorgung sieht es für das Pflänzchen gar nicht so schlecht aus. In den tiefen Klüften der humusreichen Spalten sammelt sich oft reichlich Wasser an, das die Pflanze nutzen kann. Dafür hat die Zwerg-Glockenblume tief reichende Pfahlwurzeln ausgebildet. Von deren Ende gehen zahlreiche, lange, dünne Ausläufer aus und durchspinnen das feine Ritzensystem des Felsen. Tauchen diese Ausläufer wieder an der Oberfläche auf, so sprießen dort neue, blühende Pflänzchen. Dies kann man besonders gut in Schutthalden beobachten. Dort bildet die Zwerg-Glockenblume kleine, blühende Rasenstücke aus. In einer Felsspalte sind die Blütenstände zwangsläufig in einer Linie aufgereiht.

Hat sich das Pflänzchen diesen engen Lebensraum erkämpft, so kann ihr eine andere Art diesen engen Raum, den sie mit einem dichten, robusten Wurzelgeflecht ausgefüllt hat, kaum noch streitig machen.

Die Zwerg-Glockenblume ist eine vielseitige, genügsame Pflanze. Sie wächst meistens auf Schutt- und Felsstandorten.

Alpen-Leinkraut

{*Linaria alpina*}

Familie Wegerichgewächse (Plantaginaceae)

Porträt

Das Alpen-Leinkraut ist eine der auffälligsten Blütenpflanzen der kahlen, fast lebensfeindlichen Schuttkare des Kalkgesteines und auch des sauren Silikatgesteines. Die tief blauvioletten Blütenkronen erhalten durch den orangefarbenen Gaumenfleck noch eine Kontrastfarbe. Ein etwa 10 mm langer, dünner Sporn gibt den Blüten zusätzlich ein bizarres Aussehen. Manchmal ist die ganze Blüte einfarbig blauviolett. Diese Varianten oder «Spielarten» wachsen oft dicht nebeneinander.

Die schmalen, bläulich-grünen, fleischigen, etwa 8–15 mm langen Blätter stehen zu dritt bis zu viert in Quirlen an den niederliegenden, auf den Schutt kriechenden, dünnen Stängeln.

Bestäubt werden die Blüten durch langrüsselige Hummeln. Eine Hummel bringt einmal das nötige Gewicht auf, um die Unterlippe der Blüte nach unten zu drücken und somit das «Löwenmaul» zu öffnen, zum anderen den langen Rüssel, um zum Nektar zu gelangen, der tief im langen, dünnen Sporn verborgen ist. Der Hauptbestäuber ist die Erdhummel, deren Rüssel so lang ist wie der Blütensporn. Angelockt werden die Insekten von dem leuchtend orangeroten Gaumenfleck, der ihnen die richtige Landestelle auf der Blüte anzeigt.

Früher gehörte das Alpen-Leinkraut in die Familie der Rachenblütler (Scrophulariaceae).

Vorkommen und Verbreitung

In den Alpen besiedelt das Alpen-Leinkraut die Schuttkare zwischen 1500 und 3400 m Höhe, steigt aber auch bis in die Täler herab, wo es auf den Kiesbänken der Alpen- und Voralpenflüsse eine neue Heimat sucht. Die Art ist eine süd-mitteleuropäische Gebirgspflanze. Verbreitet ist sie in den Alpen, Pyrenäen, Karpaten, im Jura und im Apennin, in Illyrien und auf der Balkanhalbinsel.

Caspari 2013

Das Alpen-Leinkraut überdeckt den Felsschutt mit vielen, biegsamen Sprossen. Es zählt daher zu den Schuttüberkriechern. Wird die Pflanze überschüttet, so streckt sie den Haupttrieb und bildet ein zweites Stockwerk aus.

Eine steinige, kahle Wohnlandschaft

Das Alpen-Leinkraut ist eine typische Pflanze der Schuttkare. Sie überdeckt mit vielen, dünnen, biegsamen Sprossen den beweglichen Felsschutt. Von dem oberen Ende der reich verzweigten Hauptwurzel gehen zahlreiche Ausläufer aus, die das Geröll durchdringen. Sie sind mit bleichen, kleinen Schuppenblättern besetzt. Sobald diese unterirdischen Sprosse an die Oberfläche und an das Licht kommen, treiben sie die charakteristischen Laubblätter aus und bilden am Ende den aufsteigenden Blütenstand. Wird die Pflanze von einem Schuttstrom überrollt, so streckt sich der Haupttrieb, bis er, wieder an der Oberfläche des Schuttes angelangt, ein zweites Stockwerk der Pflanze ausbilden kann.

Im Herbst sterben alle oberirdischen Triebe ab. Nur der Hauptspross überdauert am Grund mit einer schlafenden Knospe und steht zur Erneuerung im nächsten Jahr bereit.

Die Blüten des Alpen-Leinkrautes werden vor allem durch langrüsselige Hummeln bestäubt. Diese werden durch den orangefarbenen Gaumenfleck angelockt.

Der Formenkreis Alpen-Mohn

{*Papaver alpinum*}

Familie Mohngewächse (Papaveraceae)

Porträt

Der Alpen-Mohn mit seinen Unterarten ist oft die einzige Blütenpflanze, die die fast vegetationslosen, grauen Kalkschutthalden und Geröllfluren der Hochlagen mit ihren leuchtend gelben und weißen Blüten schmückt. Die Pflanze verankert sich mit einer kräftigen Pfahlwurzel im beweglichen Grobschutt. Der Alpen-Mohn enthält wie die meisten Mohngewächse Milchsaft. Die Pflanze bildet eine grundständige Blattrosette. Die Blätter sind einfach, doppelt oder dreifach gefiedert und bilden polsterförmige Horste. Aus den Achseln der Grundblätter entspringen die 5–20 cm langen Blütenstiele. Diese sind blattlos und tragen eine einzige, etwa 5 cm breite Blüte mit vier gelben oder weißen Kronblättern und zahlreichen Staubblättern. Die nickende Blütenknospe wird von zwei dunkelbraun bis schwärzlich behaarten Kelchblättern umschlossen. Diese fallen meist vor der Blütenentfaltung ab. Die Frucht ist eine eiförmige oder längliche Samenkapsel mit einem flachen, gewölbten oder spitzen Kapseldeckel mit meist vier bis sieben Narbenstrahlen (auch als Narbenkrone bezeichnet). Die Blütezeit ist Juli und August.

Vorkommen und Verbreitung

Die Gesamtart gehört zu den wirklich hochalpinen Kalkschuttpflanzen, die in Geröllhalden und auf Moränenhügeln oft gesellig vorkommen. Sie steigt kaum in tiefere Lagen der Alpentäler hinunter. Man wird sie nur sehr selten auf den Kiesbänken der Alpen finden. Wird die Pflanze von Geröll überschüttet, so verlängern sich die Triebe und bilden an der Oberfläche der Geröllhalde neue Blattrosetten. Der Alpen-Mohn gehört zu den Schuttstauern, ähnlich wie der Gletscher-Hahnenfuß (siehe Seite 112) oder der Alpen-Mannsschild (siehe Seite 108).

Die Gesamtart oder der Formenkreis des Alpen-Mohns zerfällt in mehrere, geografisch getrennte Unterarten oder Sippen, die sich anhand der Blattformen, der Behaarung und der Form der Fruchtkapsel sowie durch die Blütenfarbe unterscheiden. Tendenziell konzentrieren sich die gelbblütigen Unterarten auf die südlichen Kalkalpen, die weißblütigen auf die nördlichen Kalkalpen.

Merkmale und Verbreitung der Unterarten des Alpen-Mohns

Der Gelbe oder Bündner Alpen-Mohn (subsp. *rhaeticum*) hat leuchtend gelbe, etwa 5 cm große Blüten und einfach bis zweifach gefiederte, behaarte Grundblätter mit breiten, oft noch zwei- bis dreilappigen Zipfeln. Die Kelchblätter sind dunkelbraun behaart. Die Fruchtkapsel hat fünf bis sieben Narbenstrahlen. Der Gelbe Alpen-Mohn besiedelt oft gesellig kalkreiche Geröllhalden und Schuttfelder zwischen 1800 und 3000 m. Er hat eine disjunkte Verbreitung in den Alpen, das heißt, er kommt in zwei nicht miteinander verbundenen Gebieten vor. Verbreitet ist er in den Südwestalpen. Daran schließt sich nach Osten eine breite Lücke an. Er tritt dann erst wieder im Engadin und weiter ostwärts bis zu den Tauern und den Julischen Alpen auf. Ferner ist er noch in den Ostpyrenäen und in den Illyrischen Gebirgen vertreten.

Der Kerners Alpen-Mohn (subsp. *kerneri*), ebenfalls eine gelbblütige Pflanze, hat zwei- bis dreifach gefiederte, graugrüne, kahle Blätter mit schmalen, 1–2 mm breiten Zipfeln. Der Deckel der Fruchtkapsel hat fünf Narbenstrahlen. Er beschränkt sich auf die Südostalpen mit Südkärnten, den Julischen und den Steiner Alpen sowie auf die Karawanken und auf die Illyrischen Gebirge.

Der Weiße oder Sendtners Alpen-Mohn (subsp. *sendtneri*) hat leuchtend weiße Blüten an 5–20 cm hohen Stängeln mit gelben, steifen Haaren. Die Kelchblätter sind dicht schwärzlich behaart. Die behaarten, ein- bis zweifach gefiederten Blätter haben ziemlich breite, oft noch gelappte Zipfel. Der Weiße Alpen-Mohn besiedelt Geröllhänge mit Grobschutt auf Kalk- und Dolomitgestein, meist in einer Höhe zwischen 2000 und 2800 m Höhe (nur selten tiefer). Sein Verbreitungsgebiet erstreckt sich von der Zentralschweiz nach Osten bis zum Dachstein in Österreich.

Weitere weiß blühende Unterarten oder Rassen sind der Nordost-Alpen-Mohn (subsp. *alpinum*), ein Endemit der Nordalpen, dann der Mayer-Alpen-Mohn (subsp. *ernesti-mayeri*) in den Julischen Alpen und in den Abruzzen.

Inwieweit diese Aufgliederung der Unterarten – von denen hier nur einige aufgeführt sind – einer notwendigen, genaueren Untersuchung standhält, in der auch genetische oder molekularbiologische Merkmale einbezogen werden, ist abzuwarten.

Die Gesamtart des Alpen-Mohns zerfällt in mehrere, geografisch getrennte Unterarten oder Sippen. Der Gelbe oder Bündner Alpen-Mohn kommt in den südwestlichen Alpen und dann wieder in den südöstlichen Alpen vor.

Eine kräftige Pfahlwurzel als gutes Standbein

Alle Unterarten des Alpen-Mohns sind charakteristische Besiedler beweglicher Schutt- und Geröllhalden. Sie haben daher ähnliche Strategien entwickelt. Die Kräftige Pfahlwurzel treibt viele, aufstrebende Rhizomäste. Diese bilden an der Oberfläche des Schuttkares eine Rosette aus dicht gedrängten Blattbüscheln. Dieser polsterförmige Wuchs staut den Schutt. Die Pflanze gehört daher zu den Schuttstauern. Wird die Pflanze vom Schutt überschüttet, so strecken sich erneut die Rhizomäste und bilden an der Oberfläche wiederum neue Blattrosetten.

Der Alpen-Mohn hat einen polsterförmigen Wuchs. Mit einer kräftigen Pfahlwurzel und zahlreichen Rhizomästen kann er sich im beweglichen Schutt behaupten.

Der Weiße oder Sendtners Alpen-Mohn und auch die anderen weißblütigen Unterarten konzentrieren sich auf die nördlichen Kalkalpen.

Alpen-Mannsschild

{*Androsace alpina*}

Familie Primelgewächse (Primulaceae)

Porträt

Der Alpen-Mannsschild, auch Gletscher-Mannsschild genannt, ist eine hübsche Polsterpflanze von etwa 5 cm Wuchshöhe, die in lockeren Rasen auf feuchten, kalkarmen Geröllstandorten wächst. Zur Blütezeit von Juli bis August ist das flache Polster von rosaroten oder gelegentlich weißen Blüten mit gelbem Schlund dicht bedeckt, sodass die Blatttriebe verdeckt werden. Die Blüten sitzen einzeln an kurzen, 3–10 mm langen Stielen in den Achseln der oberen Blätter. Die fünfzipfeligen, tellerförmigen Blütenkronen haben einen Durchmesser von etwa 5 mm. Die lanzettlichen, 3–6 mm langen, spitzen Blätter sind rosettenartig an die Zweigenden gedrängt. Deren Ränder wie auch die Unterseiten sind mit kurz gestielten, zwei- und mehrstrahligen Haaren (Sternhaaren) besetzt. Die älteren Blätter des Alpen-Mannsschildes verwittern sehr bald und es entsteht ein lockeres Flachpolster. Dagegen bleiben die Blätter des Schweizer Mannsschildes lange an den dicht beblätterten, säulenartigen Trieben erhalten, und es entsteht ein kompaktes, festes Kugelpolster (siehe Seite 118).

Der Alpen-Mannsschild will hoch hinaus

Die Art zählt zu den am höchsten steigenden Pflanzen der Alpen. Sie kommt noch in einer Höhe von 4200 m vor.

Viele hochalpine Spezialisten, wie auch der Alpen-Mannsschild, sind auf den Schutz einer langen Schneebedeckung angewiesen. Fällt dieser Schneeschutz infolge einer Klimaveränderung weg, so werden sie von grasartigen Pflanzen, wie dem Nacktried *(Elyna myosuroides),* der Krumm-Segge *(Carex curvula)* oder dem Zweizeiligen Kopfgras *(Oreochloa disticha),* allmählich verdrängt. Letztere Arten sind nämlich sturmerprobte Pflanzen und sind auf Standorten, die im Winter heftigen Stürmen ausgesetzt sind, besonders konkurrenzkräftig. Der Alpen-Mannsschild muss allerdings bei geänderten Standortbedingungen aufgeben.

Es sind also mindestens zwei Faktoren, die die Existenz mancher der Hochgebirgsarten schwächen, nämlich zum einen eine drastische Veränderung der bisherigen Standorteigenschaften, wie lang andauernder Schneeschutz, zum anderen die Konkurrenz durch Einwanderer aus anderen Lebensräumen und auch durch Arten tieferer Lagen. Für die Arten der Hochlagen wird der verbleibende Siedlungsraum immer kleiner. Der Raum für Pflanzen der Tallagen, die nach oben drängen, wird durch die Auswirkungen der Klimaerwärmung dagegen größer. Es gibt also Gewinner und Verlierer. Die Artenvielfalt der Alpenpflanzen ist allerdings gefährdet. Davon betroffen sind auch viele Lokalendemiten, also Arten, die nur noch in kleinen Restbeständen in den verschiedenen Teilgebieten vorkommen.

Der Alpen- oder Gletscher-Mannsschild ist eine kleine Polsterpflanze, die sich rasch am Ende der sich zurückziehenden Gletscher ansiedelt. Ihr Vorkommen ist auf die Alpen beschränkt.

Der Alpen-Mannsschild gehört zu den am höchsten steigenden Pflanzen der Alpen. Noch in einer Höhe von 4200 m kann man die Art antreffen.

Ein Pionier der Gletschervorfelder

Der Alpen- oder Gletscher-Mannsschild ist eine Charakterpflanze der Schuttreißen im Urgestein. Die Pflanze gehört unter den Schuttpflanzen zu den sogenannten Schuttstauern. Mit ihrer Pfahlwurzel, die sich auch in mehreren Ästen spaltet, verfestigt sie das Geröll. Es entstehen dadurch kleine, ruhende Inseln im Schutt, die dann von anderen Arten nach und nach besiedelt werden können. Bei dem Zerfall und der Verwitterung des Silikat- oder Urgesteins entsteht zwischen den groben Platten und Blöcken grusiges Feinmaterial. Der Feinerdereichtum und die erhöhte wasserhaltende Kraft des Silikatschuttes schaffen für die Pionierpflanzen günstige Bedingungen. Bevorzugt siedelt sich der Alpen- oder Gletscher-Mannsschild an dem Gesteinsmeer am unteren Ende der sich zurückziehenden Gletscher an. Auf diesen sogenannten Moränenböden bleibt der Schnee lange liegen. Sie haben mit den Standorteigenschaften der Schneetälchen große Ähnlichkeiten.

Gletscher-Hahnenfuss

{*Ranunculus glacialis*}

Familie Hahnenfussgewächse (Ranunculaceae)

Porträt

Der Gletscher-Hahnenfuß ist eine mehrjährige, 5–15 cm hohe Pflanze, die zehn Jahre und mehr alt wird. Sie besitzt einen zwiebelartig verdickten Wurzelstock mit zahlreichen Faserwurzeln. Die grundständigen, dunkelgrünen, glänzenden und gestielten Blätter sind handförmig geteilt und haben drei bis fünf grob-stumpfzähnige Lappen. Die Stängelblätter sind ungestielt und haben lanzettliche Zipfel. Der etwas fleischige, glatte Stängel trägt ein bis drei Blüten. Die 2–3 cm breiten Blüten sind zunächst weiß und werden später rosarot bis dunkelrot. Die fünf Kelchblätter sind an der Außenseite rotbraun filzig behaart. Kelch- und Blütenblätter bleiben bis zur Fruchtreife im vertrockneten Zustand an der Pflanze.

Je nach Höhenlage blüht die Pflanze von Juni bis August.

Vorkommen und Verbreitung

Als konkurrenzschwache Art meidet der Gletscher-Hahnenfuß Flächen, die von anderen Arten stärker besiedelt sind. Er bevorzugt meist nordseitige Felsspalten und Felsschutt mit langer Schneebedeckung, die ihn während der Vegetationszeit reichlich mit Schmelz- und Rieselwasser versorgen. Er wächst ausschließlich auf sauren Böden. In den Alpen steigt er in Höhenlagen bis über 4200 m an. Lange galt der Gletscher-Hahnenfuß als die am höchsten steigende Pflanze der Alpen. Man fand ihn noch am Finsteraarhorn (Berner Alpen) bei 4275 m. In einer Höhe unter 2000 m trifft man die Art nur selten an. Übertroffen wird sie nur noch vom Zweiblütigen Steinbrech *(Saxifraga biflora),* der 2008 am Dom (Walliser Alpen) auf 4450 m entdeckt wurde. Der Gletscher-Hahnenfuß ist wie alle Hahnenfußgewächse giftig und hat einen scharfen Geschmack, er wird aber trotzdem von Gämsen und Steinböcken gefressen. Die Pflanze hat daher auch den Namen Gämskresse.

Der Gletscher-Hahnenfuß ist eine arktische Pflanze mit zirkumpolarer Verbreitung mit Schwerpunkt in den nördlichen Breiten. Die Art hat die Alpen und wohl auch die übrigen Hochgebirge Europas erst während der letzten Eiszeit erobert. Verbreitungsgebiete sind neben den Alpen die Sierra Nevada, Pyrenäen und Karpaten, nördliches und arktisches Europa sowie Island und Ostgrönland.

Caspari 2013

Der Gletscher-Hahnenfuß ist ein hochalpiner Spezialist. Das zierliche, eher frostempfindliche Pflänzchen besitzt keine starke Behaarung. Es vertraut auf den Schneeschutz und wählt daher Standorte an nordseitigen Hängen aus, die über viele Monate unter Schnee liegen.

Der Gletscher-Hahnenfuß bevorzugt vom Schmelzwasser durchrieselten Felsschutt.

Eine kleine Blüte des Gletscher-Hahnenfußes zwängt sich durch das grobe Geröll.

Ein ökologisches Paradoxon

Es ist schon erstaunlich, wie sich der Gletscher-Hahnenfuß in den eisigen Höhen behaupten kann, ein zierliches Pflänzchen, ohne die übliche «Hochtourenausstattung» der anderen Höhenrekordler unter den Blütenpflanzen, wie starke Behaarung oder Polsterwuchs. Anpassung der Lebensweise sowie die Ausnutzung sonstiger Fähigkeiten machen es der Pflanze möglich, diese scheinbar lebensfeindlichen, hochalpinen Räume dauerhaft zu besiedeln. Als frostempfindliches Pflänzchen, das bei –6 °C schon Schaden erleidet, wählt es Standorte aus, die ihm lange Zeit Schneeschutz bieten. Auch bei einem kurzzeitigen Kälteeinbruch im Sommer, der meist mit Schneefall gekoppelt ist, kann der Gletscher-Hahnenfuß mit einer schützenden Schneedecke rechnen. Während dieser Zeit verlagert er seine Reservestoffe in die unterirdischen Organe, die kaum vom Frost betroffen sind. Blütenanlagen, die nur wenig entwickelt sind, werden sogar abgebaut. Dieser Nährstofftransport wird bei Temperaturanstieg rückgängig gemacht. Stärker fortgeschrittene Knospen und Triebe verharren in dieser Zeit der Kälte in einem Ruhestadium, bis wieder bessere Zeiten kommen.

Die Zeit der Stoffproduktion, also die Ausbildung der Triebe, der Blätter und der Blütenknospen, ist eng begrenzt. Schneefrei sind die meist nordseitigen Standorte des Gletscher-Hahnenfußes nur etwa drei Monate. Die Zeit, in der die Pflanze Fotosynthese, also Stoffproduktion, betreiben kann, liegt nach mehrjährigen Beobachtungen zwischen dreißig und siebzig Tagen. Zwar kann sie bei geringen Minusgraden im bescheidenen Maße Energie gewinnen, doch eine optimale Stoffproduktion erreicht die Art erst bei einer Temperatur der assimilierenden Blattflächen von etwa 20 bis 25 °C und grellem Sonnenlicht, sodass die wenigen Schönwettertage mit günstigen Temperaturverhältnissen zum Überleben und Fortbestand ausreichen. Voraussetzung für die Produktion von Nähr- und Vorratsstoffen ist eine ausreichende Wasserversorgung, die erst möglich ist, wenn der Boden, zumindest zwischenzeitlich, wieder aufgetaut ist und die Wurzeln wieder Wasser aufnehmen können.

Sparsamer Umgang mit den Ressourcen

Unter den bescheidenen Lebensbedingungen muss die Pflanze mit ihren Kraftreserven äußerst ökonomisch umgehen. Voraussetzung für die Arterhaltung ist die Ausbildung von Blüte und Frucht. Diesen energieraubenden Prozess kann sich der Gletscher-Hahnenfuß nur leisten, wenn er diese Aufgaben auf mehrere Jahre verteilt. Daher werden im Herbst des ersten Jahres die Blütenknospen angelegt. Diese entwickeln sich im darauffolgenden Sommer voll. Erst im dritten Jahr entfalten sich die Blüten und bilden die Samen aus. Die heranwachsende Blüte muss also zweimal überwintern.

Fähigkeit, auf bessere Zeiten zu warten

Der Gletscher-Hahnenfuß hat sich diese extremen Standorte mit dem Vorteil «ausgesucht», dass er sich ohne Konkurrenzdruck durch andere Arten behaupten kann. Er nimmt auch eine lange Zeitspanne der Schneebedeckung in Kauf. Er vermag sogar zwei Vegetationsperioden dauerhaft unter Schneebedeckung auszuharren. Beobachtungen haben ergeben, dass der Gletscher-Hahnenfuß noch nach 32 Monaten dauerhafter Schneebedeckung weiterlebte.

Der Gletscher-Hahnenfuß zählt zu einer Elite von spezialisierten, hochalpinen Pflanzen, die durch vielfältige Anpassungen im Laufe von Jahrtausenden und mehr diese Lebensräume erobert haben.

4

FELS UND FELSSPALTEN

Felsspalten als Lebensraum für Pflanzen sind Extremstandorte. An Nährstoffen mangelt es zwar nicht, wie man zunächst meinen könnte. Die kleinen Felsritzen und Spalten sind meist mit Feinerde gefüllt. Der Humusgehalt ist im Vergleich zu dem der Schuttkare um ein Vielfaches höher. Dagegen treten oft Wassermangel und längere Dürreperioden auf. Hinzu kommen Hitzestress an sonnigen Tagen, nächtliche Abkühlung sowie starke winterliche Fröste und Stürme der meist schneefreien Felsstandorte. Die widrigen Bedingungen dieser Lebensräume erforderten besondere Anpassungen.

Wasser und Frost erzeugen im Laufe vieler Jahrhunderte tiefe Risse und Spalten im Kalkfelsen, die sich spärlich mit Humus füllen und nur wenigen Spezialisten unter den Blütenpflanzen einen bescheidenen Lebensraum bieten.

Arten

- Schweizer Mannsschild *(Androsace helvetica)*
- Aurikel *(Primula auricula)*
- Herzblättrige Kugelblume *(Globularia cordifolia)*
- Dolomiten-Fingerkraut *(Potentilla nitida)*
- Echte Edelraute *(Artemisia umbelliformis)*
- Armblütige Teufelskralle *(Phyteuma globulariifolium)*
- Gegenblättriger Steinbrech *(Saxifraga oppositifolia)*

Strategien

- Strategien gegen Frost und Kälte: hohe Frostresistenz (auch der Blüten), filzige Behaarung.
- Strategien gegen intensive Sonnenbestrahlung: Schutz durch anliegenden Haarpelz und/oder durch Pigmentbildung (Anthozyane).
- Strategien gegen Kälte- und Hitzestress: Haarpelz, Umhüllung der Zweige mit Schuppenblättern.
- Strategien gegen Windschliff: Polsterwuchs.
- Strategien gegen Wassermangel und Dürre: Wasserspeicherung in den Blättern eines dichten Kugelpolsters oder im Schwammgewebe der sukkulenten Blätter, tiefe Pfahlwurzeln.
- Strategien zur Überdauerung langer Winterzeiten: Anlage von Reservestoffen (Reservezellulose) in mehreren Speicherorganen, wie verdickter Wurzelstock, verdickte Zellwände der Wurzelrinde, Schwammgewebe der Blätter.

Schweizer Mannsschild

{*Androsace helvetica*}

Familie Primelgewächse (Primulaceae)

Porträt

Der Schweizer Mannsschild, ein Musterbeispiel für Polsterwuchs, bildet kompakte, halbkugelige Polster mit einem Durchmesser von bis zu 15 cm und erreicht nur eine Wuchshöhe von 1–3 cm. Mit einer langen Pfahlwurzel verankert er sich in Kalkfelsspalten. Gelegentlich entstehen auch kugelige Polster, die an einer kräftigen Hauptwurzel aus den Felsspalten frei herausragen. Die dicht stehenden Stängel besitzen kleine, 2–4 mm lange und 1–1,5 mm breite, lanzettliche bis spatelförmige Blättchen. Die Pflanze erscheint durch abstehende, einfache, 0,4 mm lange Haare graufilzig. Die Blüten sitzen einzeln mit 1 mm langen Stielen am Ende der dicht gedrängten Sprosse. Sie sind meistens weiß und haben einen gelben Schlund. Die fünfzipfelige Krone ist 5–6 mm breit und flach tellerförmig ausgebreitet.

Die Pflanze bildet winzige Kapselfrüchte, die sich im Winter mit fünf Klappen sternförmig öffnen und den reifen Samen in eine Felsspalte streuen. Die Samen sind Frostkeimer.

Die Blütezeit ist Mai bis Juli.

Vorkommen und Verbreitung

Der Schweizer Mannsschild zieht sich auf sonnige, schneefreie, oft senkrechte Felswände und Felsritzen der Kalkstöcke zurück. Er ist hauptsächlich in den nördlichen Kalkalpen verbreitet, in den südlichen Kalkalpen und in den Zentralalpen ist er ziemlich selten. Die polsterbildenden Mannsschildarten sind wohl in den westeuropäischen Gebirgen wie Südspanien, Pyrenäen und Westalpen entstanden. Der Schweizer Mannsschild ist eine endemische Art der Alpen, Angaben aus den Pyrenäen sind nicht bestätigt.

Caspari 2018

Der Schweizer Mannsschild wächst meist in senkrechten Felswänden der Kalkstöcke.

Leben und Überleben an Extremstandorten

Steile Kalkfelswände, in deren Spalten und Ritzen der Schweizer Mannsschild seine langen Pfahlwurzeln bohrt, sind sein Lebensraum. Eine extremere Behausung für eine Alpenpflanze ist kaum noch vorstellbar. Diese exponierten, meist schneefreien Standorte gewähren keinen Schutz vor der winterlichen Kälte. Sommers wie winters ist die Pflanze dem Angriff der austrocknenden Wirkung heftiger Stürme ausgesetzt. Zeitweiser Wassermangel wird zum Hauptproblem.

Diesen Widrigkeiten des Lebensraumes zu trotzen, ist dem Schweizer Mannsschild nur durch spezielle Anpassungen gelungen. Dabei hat sich der gedrungene Polsterwuchs als Lebensform für die Pflanze der Hochalpen als bestens geeignet erwiesen. Nicht die Umwelt hat den Polsterwuchs bewirkt, sondern die Art hat im Laufe ihrer stammesgeschichtlichen Entwicklung in schrittweisen Mutationen diese speziellen Eigenschaften erlangt, um unter den extremen Lebensbedingungen, wie Trockenheit und Windschliff, zu überleben. Eine Änderung der Lebensbedingungen an diesen Standorten würde die erblich verankerte, polsterförmige Wuchsform nicht rückgängig machen. Die durch Selektion herausgebildete kugelige Gestalt hat sich für diese Pflanze an diesen speziellen Standorten als ideale Lösung zum Überleben erwiesen.

Vom Wurzelhals strahlen radial nach allen Seiten dicht dachziegelig beblätterte, säulenförmige Sprosse aus und bilden ein kompaktes Kugelpolster. Die älteren Blätter der einzelnen Sprosse werden nicht abgeworfen, sondern verwittern langsam im Inneren des Polsters zu Humus. Die dichte Beblätterung der Sprosse bildet ein wirksames System kapillarer Hohlräume, das sich mit Wasser vollsaugt. Diese Schwammeigenschaft der Kugelpolster ermöglicht der Pflanze, Durststrecken im Sommer zu überleben, indem feine Haarwurzeln der Sprosse Wasser aufnehmen, ebenso auch Nährstoffe aus dem Humuspolster, das noch mit Flugstaub angereichert ist. Das Polster kann große Mengen Wasser aufnehmen, es ist nass doppelt so schwer wie trocken.

Auch im Winter, wenn das Wasser in den Felsspalten gefroren ist, kann die Pflanze auf das Wasserreservoir des Humuspolsters zurückgreifen, sobald durch sonnige Stunden oder Tage das zunächst gefrorene Wasser auftaut. Somit ist das Hauptproblem Wassermangel weitgehend überwunden.

Der Schweizer Mannsschild gehört zu den windhärtesten Hochgebirgspflanzen. Die dichte Blattstellung und die filzige Behaarung schaffen ein günstiges Mikroklima. Ist es der Art als Felsspaltenbewohner gelungen, diesen kargen Lebensraum zu besiedeln, dann ist sie vor weiteren Konkurrenten ziemlich sicher und erreicht dort ein Alter von fünfzig bis sechzig Jahren.

Aurikel

{*Primula auricula*}

Familie Primelgewächse (Primulaceae)

Porträt

Eine der schönsten Primelarten des Alpenraumes ist die Aurikel, deren leuchtend gelbe, meist duftende, 15–25 mm breite Blüten zu fünft bis zwölft an einem 5 bis 25 cm langen, blattlosen Blütenschaft in einem einseitswendigen, doldenartigen Blütenstand hängen. Die fünf Blüten- oder Kronblätter sind zu einer mehlig bestäubten Kronröhre verwachsen. Der Kelch besteht aus fünf glockenförmig verwachsenen Kelchblättern. Er ist weniger als halb so lang wie die Blütenkrone. Die dunkelgrünen oder graugrünen, fleischigen, etwa 4–12 cm langen und 2–5 cm breiten, meist mehlig bestäubten Blätter sind in einer grundständigen Rosette angeordnet. Sie besitzen einen Knorpelrand mit sehr kurzen, kaum 0,2 mm langen Drüsenhaaren. Eine wachsartige Schicht und der mehlige Überzug der Blätter, der aus winzigen Flavonoid-Kristallen besteht, schützt die Pflanze vor Verdunstung und scharfer Sonneneinstrahlung. Die Blüten werden vor allem durch Hummeln bestäubt.

Die Früchte, die von September bis Oktober reifen, sind kugelige Kapseln mit braunschwarzen, etwa 1,5 mm großen Samen. Je nach Höhenlage zieht sich die Blütezeit von April bis Juli hin.

Vorkommen und Verbreitung

Die Aurikel besiedelt Kalkfelsspalten, Felsbänder, seltener kalkhaltige Magerrasen und Gesteinsfluren in einer Höhe zwischen 1400 und 2600 m. Als Eiszeitrelikt kommt oder kam sie noch in Wiesenmooren, Schluchten und Flusstälern vor.

Als süd-mitteleuropäische Gebirgspflanze ist die Aurikel in den Alpen, im Nordjura und Schwarzwald, im Apennin, in Illyrien und in den Karpaten verbreitet.

Die Art ist sehr formenreich und wird, je nach Bearbeiter, in mehrere Unterarten unterteilt, die sich durch die Form der Blätter und der Blattränder, der Drüsen und auch durch ihre geografische Verbreitung unterscheiden.

Züchtungssorten und Gartenpflanzen

An Stellen der Alpen, an denen Kalkfelsen mit Urgesteins- oder Silikatfelsen aneinandergrenzen, kommt es immer wieder zu Kreuzungen zwischen der kalksteten Aurikel *(Primula auricula)* und der kalkmeidenden Felsen-Primel *(Primula hirsuta).* Aus dem Kreuzungsprodukt entsteht die Hybridart, die Bastard-Primel *(Primula pubescens),* die seit dem 16. Jahrhundert in Gärten kultiviert wird. Sie wurde zum Ausgang zahlreicher Züchtungssorten in allen Farbvarianten und wird unter dem Namen Garten-Primel vermarktet.

Brauchtum und Sagen

In vielen Regionen der Schweiz gehörte es zur Tradition, dass junge Burschen als Zeichen und Beweis ihres Mutes ihrer Angebeteten ein Sträußchen Aurikeln aus einer steilen Felswand überreichten. Dabei kam es immer wieder, wie beim Pflücken des Edelweißes, zu tödlichen Stürzen.

Es ging auch die Sage, der Teufel hätte die Aurikel oder Felsen-Primel in die steilen Felsflanken gepflanzt, um die jungen Burschen zu verführen, daher hat die Aurikel in manchen Gegenden den Namen Teufelsblume erhalten.

Die Aurikel in der Volksheilkunde

Im Volksglauben galt die Aurikel als Wundheilkraut, denn sie enthält Inhaltsstoffe, die entzündungshemmende

Caspari

Wirkung besitzen. Auch zur Behandlung von Schwindelanfällen fand die Art Verwendung. Jäger und Wilderer sahen in der Felsen-Primel oder Aurikel, die ja steile Felsstandorte zu besiedeln vermag, ein Mittel gegen Schwindel und eine Hilfe zur Trittsicherheit im steilen Gelände.

Heute hat die Aurikel in der therapeutischen Praxis kaum noch eine Bedeutung, was ihrer Erhaltung in der Natur nur förderlich ist.

Die Aurikel wählt Kalkfelsspalten und sonnige Felsbänder. Im zeitigen Frühjahr kann sie die Sonne genießen. Allerdings ist sie im Sommer der austrocknenden Sonnenhitze ausgeliefert.

Die fleischigen Blätter der Aurikel oder auch der Felsen-Primel dienen der Wasserspeicherung. Somit kann die Pflanze Dürreperioden gut überstehen.

Ein «bescheidenes» Aurikelpflänzchen kriecht aus der Felsspalte.

Nahrungs- und Wasserreserven

Die Aurikel, eine Pflanze der Felsspalten und Klüfte, hat auch die Bezeichnung Felsprimel. Bereits im Frühjahr erfreut sich der Bergwanderer an ihr, wenn er in sonnseitigen Kalkwänden ihre leuchtenden Blütenstände entdeckt. Im zeitigen Frühjahr kann die Pflanze an den fast senkrechten, schneefreien Felswänden die ersten warmen Sonnenstrahlen genießen. Im Sommer jedoch braucht die Aurikel an diesen exponierten, der Sonnenhitze ausgelieferten Standorten ausgeklügelte Strategien, damit sie ihre Existenz ermöglichen und sichern kann. Um ihren Wasserbedarf zu decken, entwickelt sie eine kräftige, oft verzweigte Pfahlwurzel, die sie tief in die Felsspalten treibt, sodass sie auch bei oberflächlich gefrorenem Boden aus den tiefen Felsklüften Wasser gewinnen kann.

Das Problem der Wasserspeicherung und des Verdunstungsschutzes löst die Art dadurch, dass das Schwammgewebe der dicken, sukkulenten Blätter hauptsächlich als Wasserspeicher dient. Die umfangreichen Hohlräume zwischen den Zellen des lockeren Schwammgewebes, auch Schwammparenchym genannt, sind reichlich mit wasserhaltigem Schleim ausgefüllt, der das Wasser in der Pflanze zurückhält und den Wasserverlust bei Trockenheit stark einschränkt. Die Aurikel kann somit an den sonnigen Felsstandorten Dürreperioden schadlos überstehen. Es konnte nachgewiesen werden, dass die Aurikel nach über einem Monat ohne Wasserzufuhr nicht austrocknete.

Für die Winterzeit hat die Aurikel mehrere Speicherorgane angelegt. In den verdickten Zellwänden der Wurzelrinde und in dem rübenartig verdickten Rhizom oder Wurzelstock, der über 2 cm stark wird, speichert sie lösliche Reservezellulose, die im Frühjahr aufgelöst und zum Neuaufbau der Blätter und Sprosse verbraucht wird. Auch die dicken, sukkulenten Blätter speichern in ihrem lockeren Schwammgewebe, dessen Zellen im Winter prall mit Reservezellulose gefüllt sind, Reservestoffe.

Herzblättrige Kugelblume

{*Globularia cordifolia*}

Familie Wegerichgewächse (Plantaginaceae)

Porträt

Das zierliche, nur wenige Zentimeter hohe Pflänzchen bildet ausgedehnte, spalierartige Teppiche. Die Art besitzt ausläuferartige, dicht dem Felsen oder dem Schutt angedrückte, verholzende, entfernt beblätterte Zweige, an deren Ende kleine Blattrosetten sitzen. Die dunkelgrünen, lederigen Blätter sind nur 2–3,5 cm lang und 6–8 mm breit. Sie sind vorne stumpf abgerundet oder herzförmig ausgerandet. Der etwa 10 cm hohe Blütenstängel ist blattlos oder mit ein bis zwei schuppenförmigen Hochblättern besetzt. Die blauen Blüten sitzen in einem kugeligen, 1,5–2 cm breiten Köpfchen, das von eiförmigen, spitzen Hüllschuppen umgeben ist. Die röhrenförmige, nur etwa 3 mm lange Blütenröhre ist zweilippig. Die Unterlippe ist in drei linealische, fast fadenförmige Zipfel gespalten. Die Oberlippe ist zweispaltig. Bestäubt wird die Herzblättrige Kugelblume hauptsächlich von Schmetterlingen.

Die Pflanze blüht, je nach Höhenlage, von Mai bis August.

Vorkommen und Verbreitung

Die Herzblättrige Kugelblume überzieht häufig mit ihren ausgedehnten, blütenreichen Teppichen sonnige Felsblöcke und Felsbänder. Auch in lockeren, steinigen Magerrasen vermag sie sich noch zu behaupten. Gelegentlich trifft man sie auf Schotter- und Kiesbänken der noch unverbauten Flüsse der Alpentäler und der Alpenvorlandflüsse. Sie steigt bis in Höhen von etwa 2800 m auf.

Die Herzblättrige Kugelblume ist eine süd-mitteleuropäische Gebirgspflanze. Verbreitet ist sie in den Alpen, Karpaten, in Nordspanien, im Jura und im Apennin sowie auf der Balkanhalbinsel.

Ähnlich ist die Schaft-Kugelblume *(G. nudicaulis)*, die ziemlich häufig auf kalkreichen, steinigen Matten der Alpen vorkommt. Sie unterscheidet sich durch weit größere, verkehrt-eiförmige, 5–10 cm lange und 1–2 cm breite, lederige Blätter und durch einen nackten, 10–20 cm hohen Blütenstängel, der den 18–25 mm breiten, blauen Blütenkopf trägt.

Aufgrund neuerer molekulargenetischer Untersuchungen ist die Herzblättrige Kugelblume eine sehr junge Art, die erst während der letzten Eiszeit durch Anpassung und Selektion an die extremen Standortbedingungen entstanden ist. Ihre nächsten, genetisch verwandten Arten sind die Südliche Kugelblume *(G. meridionalis)* mit Verbreitung in Südosteuropa und die Kriechende Kugelblume *(G. repens)* mit südwestlicher Verbreitung.

Caspari2018

Die Herzblättrige Kugelblume überzieht in ausgedehnten Teppichen Felsblöcke und Felsbänder in sonnigen Lagen. Sie nützt dadurch die Bodenwärme. Allerdings muss sie Temperaturgegensätze und Trockenheit in Kauf nehmen.

Ein Spalierrasen der Herzblättrigen Kugelblume, vereinzelt drängen bereits Gräser und andere Konkurrenten ein.

Die Herzblättrige Kugelblume holt sich ihren Wasservorrat aus den Felsspalten mithilfe tief reichender Wurzeln.

Eine karge Lebensweise

Die Herzblättrige Kugelblume bevorzugt magere Fels- und Schotterstandorte in sonnigen Lagen, an denen sie an sonnigen Tagen die Bodenwärme nutzen kann, aber sie muss starke Temperaturgegensätze und Trockenheit aushalten. Sie verträgt allerdings eine Austrocknung bis zu 30 Prozent ihres Wassergehaltes. Eine Leistung, die viele ihrer Mitkonkurrenten nicht aufbringen. Als Tiefwurzler besorgt sich die Herzblättrige Kugelblume ihren Wasservorrat aus den Felsspalten. Diese sind mit Detritus, also zerfallenen Zersetzungsprodukten von Pflanzenresten, aufgefüllt, die zunächst von Regenwürmern, Asseln und anderen Kleinlebewesen zerkleinert und schließlich von Mikroben zu pflanzenverfügbarem, nährstoffreichem Humus in Miniportionen wie in einem Komposthaufen verarbeitet werden.

Das teppichartige Geflecht der Herzblättrigen Kugelblume ist ein wirksamer Rechen, der zusätzlich den von oben herabrieselnden Humus sammelt, in den die Pflanze ihre Würzelchen senkt. Somit baut sie ihr Nährstoffdepot auf. Die Art bevorzugt daher Felsstandorte, die wenig geneigt sind. Somit bleiben die abgestorbenen Blätter und Humusteile liegen. Ähnliche Besiedlungsstrategien hat auch die Silberwurz entwickelt (siehe Seite 48).

Allerdings siedeln sich gelegentlich auch andere Arten in das «gemachte Nest» an und treten in diesen noch relativ klimatisch günstigen Höhenlagen als Konkurrenten um diese «Speisetöpfe» auf. In hochalpinen Lagen, nahe der Vegetationsgrenze, ist die Zahl möglicher Konkurrenten weit geringer.

Dolomiten-Fingerkraut

{*Potentilla nitida*}

Familie Rosengewächse (Rosaceae)

Porträt

Das Dolomiten-Fingerkraut bildet dichte, silbergraue, dem Fels angedrückte Teppiche mit 2–3 cm großen, prächtigen, rosaroten, selten weißen Blüten. Die Äste des polsterförmigen Spalierstrauches sind von rotbraunen, später schwärzlichen Schuppenblättern umhüllt. Ein ästiger, verholzter Wurzelstock sorgt für eine sichere Verankerung der Pflanze in den Felsnischen und feinen Felsspalten. Ein bis zwei Blüten sitzen an 2–4 cm langen Stängeln. Sie besitzen zwanzig Staubblätter mit schwarzpurpurnen Staubbeuteln und rötlichen, kahlen Staubfäden. Die rosaroten Kronblätter sind doppelt so lang wie die breit lanzettlichen, innen purpurroten Kelchblätter. Der Blütenboden ist von langen Haaren weißzottig.

Die kurz gestielten Grundblätter sind dreizählig gefiedert. Ihre verkehrt eiförmigen, grau schimmernden Seitenfiedern tragen beiderseits eine dichte Behaarung.

Vorkommen und Verbreitung

Der rasenbildende, niedrige Spalierstrauch überzieht oft in flachen, größeren Polstern sonnige Felsbänder und Felsspalten und auch Geröllhalden in einer Höhe von etwa 2000 bis 3200 m. Die Pflanze kommt nur auf Kalk- und Dolomitgestein der südlichen Kalkalpen vor. Ihre prächtigen Blüten entfaltet sie von Juni bis August.

Das heutige Areal (Verbreitung) liegt einmal im Bereich des Comer Sees und zieht sich nach Osten durch die Brenta, Sarntaler Alpen, Dolomiten und Julischen Alpen bis zu den Steiner Alpen ganz im Osten. In den Westalpen zerfällt das Verbreitungsgebiet in kleinere, zerstückelte Teilareale, so in der Dauphiné, in Savoyen, in den Grajischen Alpen und zuletzt noch im nördlichen Apennin.

Caspari 2018

Das Dolomiten-Fingerkraut, ein niedriger Spalierstrauch der südlichen Kalkalpen, schützt sich vor intensiver Sonnenstrahlung und winterlichen Frösten durch eine filzige, silberglänzende Behaarung.

Das Dolomiten-Fingerkraut ist ein Endemit der südlichen Kalkalpen.

Ein dichter Pelz schützt vor Hitze und Kälte

Das zierliche Pflänzchen ist an seinen bevorzugten Felsstandorten an sonnigen Tagen einer intensiven Sonnenstrahlung ausgesetzt. Im Winter muss es bei geringer Schneebedeckung und starkem Wind Frost und Kälte ertragen. Die dichte, filzige Behaarung der Blätter und die Umhüllung der Zweige mit Schuppenblättern schützt es vor Hitze- und Kältestress. Selbst der Blütenboden ist mit einem weißzottigen Haarkleid ausgestattet. So ist es auch verständlich, dass das Dolomiten-Fingerkraut – ein Endemit der Südalpen – die frostigen Epochen der Eiszeiten an den heutigen Standorten überdauern konnte. Dort tritt es auch mit anderen endemischen Arten der Südalpen auf, mit denen es das gleiche Schicksal teilte.

Die Zersplitterung des heutigen Verbreitungsgebietes in den Alpen ist sicherlich nicht nur geologisch begründet, sondern auf die eiszeitliche Vergletscherung zurückzuführen. Viele Arten hatten wohl vor den Eiszeiten ein zusammenhängendes Verbreitungsgebiet, das durch die Gletscherausbreitung in Teilareale zerfallen ist.

Echte Edelraute

{*Artemisia umbelliformis*}

Familie Korbblütler (Asteraceae)

Der lateinische Name «Artemisia» bezieht sich angeblich auf die Göttin Artemis, die Geburtshelferin und Tochter des Zeus. Daher wurde den Arten der Gattung *Artemisia* (Beifuß- und Edelrautenarten) besondere Wirksamkeit bei Frauenkrankheiten zugesprochen.

Porträt

Die Echte Edelraute besitzt, besonders beim Zerreiben der Blätter, einen würzigen Duft. Auffallend sind die zahlreichen silberglänzenden, anliegend behaarten Rosetten und die 10–15 mm langen, meist unverzweigten, beblätterten Blütensprossen. Die unteren Blätter sind gestielt, bis 5 cm lang, mehrfach handförmig drei- bis fünffach fiederteilig. Deren Zipfel sind spitz und etwa 1 mm breit. Die Stängelblätter sind kurz gestielt oder sitzend und nur einfach handförmig geteilt. Die aufrechten, allseitswendigen Blütenköpfe sind ährenartig in der oberen Stängelhälfte und zur Spitze hin gehäuft angeordnet. Sie sitzen in den Achseln der oberen Laubblätter. Die einzelnen Köpfchen sind rundlich bis kreisförmig, etwa 3–5 mm breit und enthalten zehn bis 25 winzige, röhrenförmige, gelbe Blüten; die äußeren Blüten sind weiblich, die inneren sind zwittrig. Die seidenfilzigen Hüllblätter der Blütenköpfe besitzen einen dunkelbraunen Rand. Der Blütenboden der Köpfchen ist seidig behaart.

Die Blütezeit ist Juli bis September.

Vorkommen und Verbreitung

Die Echte Edelraute besiedelt Felsspalten und Felsschutt, überwiegend auf Silikat, aber auch auf verschiedenen Gesteinsarten wie Kalkschiefer und Kalk.

In den Alpen wächst sie in einer Höhe zwischen 1600 und 3700 m. Sie kommt auch in den Pyrenäen, in der Sierra Nevada und selten auch im Apennin vor.

Ähnlich ist die Schwarze oder Ährige Edelraute *(Artemisia genipi)*. Sie hat eine kräftige Pfahlwurzel. Die Sprosse sind oft violett überlaufen (Anthozyanbildung zum Sonnenschutz). Die Blütenköpfe sitzen in einer von Blättern unterbrochenen, nach oben allmählich dichter werdenden Ähre. Diese ist anfänglich nickend, später richtet sie sich auf. Die wollig-filzigen, grauen Hüllblätter haben einen dunkelbraunen bis schwarzen Rand. Die Pflanze ist hauptsächlich in den Zentralalpen auf Silikatgestein und Kieselkalk verbreitet.

Heilpflanze mit magischen Kräften

Die Edelraute, eine sagenumwobene Wunderheilpflanze mit einem betörenden Duft, war und ist teilweise auch heute noch als Schmuck- und Heilkraut begehrt und deshalb gebietsweise fast ausgerottet. Von der Alpenbevölkerung wurden ihr zudem magische Kräfte als Liebeszaubermittel zugeschrieben. Ebenso galt sie als Mittel gegen Berggeister. Die Pflanze enthält ätherische Öle und Bitterstoffe. Der Edelrautentee wurde als Medizin gegen Bergkrankheiten und als Unterstützung bei der Höhenanpassung verwendet. Von den Bergbauern wurde die Pflanze als Hausmittel gegen Fieber, Lungen- und Rippenfellentzündung angewendet. Die würzigen Wirkstoffe der Echten sowie der verwandten Schwarzen Edelraute *(A. genipi)* bilden den Grundstock bei der Herstellung des berühmten Genipi-Edelrauten-Likörs.

Trotz all dieser Wunderheilkräfte, die der Pflanze innewohnen, muss man berücksichtigen, dass die Edelrautenpflanzen wegen ihres Thujon-Gehaltes, der bei dem Wermut besonders hoch ist, auch als Wurm- und Abtreibungsmittel eingesetzt wurden. Eine häufige Einnahme oder eine hohe Dosierung kann ungute Folgen haben und führt nicht zwangsläufig zu der erhofften Heilung.

Caspari 2018

Eine Steppenpflanze erobert die Hochalpen

Die Edelraute zählt zu der Gattung *Artemisia*, zu der auch der Wermut und die Beifußarten gehören. Über 200 Arten zählt diese Gattung, sie sind hauptsächlich in den trockenen Steppen und Halbwüsten von Osteuropa, Asien, Nord- und Mittelamerika beheimatet.

In Mitteleuropa kommen etwa 16 Arten vor und nur fünf Arten der niederwüchsigen, oft schwer zu unterscheidenden Edelrauten haben die Hochalpen erklommen. Davon haben nur die Echte Edelraute *(Artemisia umbelliformis)* und die Schwarze Edelraute *(Artemisia genipi)* fast den ganzen Alpenraum erobert, wenn auch oft nur sehr vereinzelt vorkommend. Die übrigen Arten beschränken sich auf Teilgebiete der Alpen. Die Gletscher-Edelraute *(Artemisia glacialis)* kommt als eine endemische Art nur in den Südwestalpen vor. Die Glänzende Edelraute *(Artemisia nitida)* beschränkt sich auf die südlichen Ostalpen. Die Schnee-Edelraute *(Artemisia nivalis)* hat sich auf die höchsten Gebirgsstöcke der Walliser Alpen zurückgezogen. Alle hochalpinen Edelrautenarten meiden die niederschlagsreichen Gebirgszüge der Alpen, deren Jahresniederschläge 1000 mm und mehr überschreiten. Sie können ihre Herkunft aus den trockenen Steppengebieten nicht verleugnen und besiedeln demzufolge in den Alpen meist sonnige Felsspalten und trockenen Felsschutt. Gegen intensive Sonneneinstrahlung sind sie durch ihren dichten, anliegenden Haarpelz gut geschützt, der auch bei Kälte als Isolierschicht gute Dienste leistet.

Erwähnenswert sind noch der Echte Wermut *(Artemisia absinthium)* der tieferen Lagen, der vor allem als Würzstoff für den bekannten Absinth bekannt ist. Auch der Gewöhnliche Beifuß *(Artemisia vulgaris)* und der Estragon *(Artemisia dracunculus)* sind wegen ihrer Würzstoffe wohlbekannte Kräuter für die Küche.

Viele Arten der Gattung *Artemisia* wie Edelrauten, Beifuß und Absinth waren schon im Altertum Begleitpflanzen der Menschen.

Die Echte Edelraute und deren verwandte Arten stammen aus den trockenen Steppengebieten Osteuropas. Die würzige Pflanze dient zur Herstellung des berühmten Edelrauten-Likörs.

Die Echte Edelraute, eine Heilpflanze, ist eine Bewohnerin sonniger, trockener Felsspalten und des Felsschuttes.

Armblütige Teufelskralle

{*Phyteuma globulariifolium*}

Familie Glockenblumengewächse (Campanulaceae)

Porträt

Die Armblütige Teufelskralle ist im Steingarten der Alpen ein Zwerg. Das kleine, mitunter rasenbildende Pflänzchen wird nur 1–5 cm hoch. Zur Verankerung in den Felsspalten oder im Gesteinsgrus hat die Armblütige Teufelskralle (auch Armblütige Rapunzel genannt) einen reich verzweigten Wurzelstock. Die Blätter der grundständigen Blattrosette sind nur 10–15 mm lang, verkehrt eiförmig bis schmal elliptisch, kahl und in den Blattstiel verschmälert. Der ein- bis vierblättrige Stängel trägt an der Spitze das kugelige, zwei- bis siebenblütige Blütenköpfchen, das von grünen, rundlichen bis eiförmigen Hüllblättern umgeben ist.

Die tief violettblaue, hornartig gekrümmte, 6–10 mm lange Blütenkrone umschließt die Staubblätter und den Griffel (siehe Blütenbau weiter unten).

Blühend trifft man den Winzling, je nach Höhenlage, von Juli bis September an.

Vorkommen und Verbreitung

Meistens versteckt sich die Armblütige Teufelskralle in Felsspalten, kleinen Felsnischen, in Gesteinsfluren oder in lückigen Magerrasen in einer Höhe zwischen 2000 und 3200 m, und zwar immer nur auf Ur- oder Silikatgestein.

Man unterscheidet eine ostalpine Unterart, die eigentliche Armblütige Teufelskralle (subsp. *globulariifolium)* und eine westalpine Unterart, als Piemonteser Teufelskralle (subsp. *pedemontanum*). Die westalpine Pflanze wird etwas größer und die Blütenköpfe sind vier- bis zwölfblütig.

Die ostalpine Pflanze ist auf die Ostalpen beschränkt und erreicht im Ortlergebiet ihre Westgrenze. Die westalpine Pflanze ist in den westlichen Zentralalpen verbreitet und hat ihre Ostgrenze im Adamello- und Ortlergebiet.

Inwieweit es gerechtfertigt ist, diese beiden geografischen Rassen oder Sippen als verschiedene Unterarten zu führen, wird von einigen Autoren bezweifelt.

Auch die Standortansprüche sind, soweit überhaupt näher untersucht, sehr ähnlich. Wenig bekannt ist auch, wie sich das zierliche Pflänzchen in diesen hochalpinen Höhenlagen behaupten kann und über welche Überlebensstrategien es verfügt.

Eine kleine Blüte mit kompliziertem Blütenbau

Die Einzelblüte des Köpfchens erscheint zunächst in der Knospe als ein gekrümmtes, kaum 1 mm dickes Horn, gebildet von den blauen, anfangs verwachsenen Kronblättern. In diesem schlauchförmigen Gebilde, das auch als Kralle bezeichnet wird (daher der Name Teufelskralle), sind die Staubblätter eingeschlossen, die wiederum als Staubblattröhre den Griffel umschließen. Noch in der Knospenphase geben die Staubbeutel ihre Pollen an die Sammelhaare (Griffelbürste) des Griffels ab. Danach lösen sich die schmalen, bandförmigen Kronblätter der noch schlauchförmigen Blütenkralle etwa in der Mitte der Kronröhre und buchten sich nach außen. Der Griffel streckt sich, durchstößt die Spitze der «Kralle» und fegt den Pollen, der an den Sammelhaaren haftet, aus der Kronröhre hinaus. In dieser männlichen Phase der Blüte wird den Bestäubern der Pollen angeboten. Daraufhin spreizt der Griffel in der weiblichen Phase die empfängnisbereiten Narbenlappen auseinander. So können sie von Blütenbesuchern mit Pollen anderer Pflanzen bestäubt werden. Die Kronblätter trennen sich schließlich ganz.

Caspari 2018

Die Kronblätter der winzigen Einzelblüten eines Köpfchens der Armblütigen Teufelskralle sind anfangs zu einem kaum 1 mm dicken Horn verwachsen. Der Blütenstand gleicht dadurch einer Kralle, die der Pflanze den Namen verleiht.

Leben mit wenigen Konkurrenten

In den mit Humus gefüllten Felsnischen findet die Armblütige Teufelskralle günstige Ernährungsbedingungen. Nach eigenen Beobachtungen bevorzugt die Art wenig geneigte Felsstandorte; dort ist auch im Winter mit längerer Schneebedeckung zu rechnen. Durch den niederen, fast polsterförmigen Wuchs ist die Pflanze weit weniger starken Stürmen und Frösten ausgesetzt. Auch der Konkurrenzdruck durch andere Arten ist reduziert, da doch nur einer geringeren Anzahl von Spezialisten diese besondere Standortkombination zusagt.

Die Armblütige Teufelskralle, der Steingartenzwerg der Alpen, hat einen zierlichen, komplizierten Blütenbau.

Gegenblättriger Steinbrech

{*Saxifraga oppositifolia*}

Familie Steinbrechgewächse (Saxifragaceae)

Porträt

Der Gegenblättrige Steinbrech besitzt eine kräftige Pfahlwurzel, von der zahlreiche, niederliegende, verholzte Zweige ausgehen, die sich mit kleinen Wurzeln im Boden verankern. An den bis zu 25 cm langen Trieben sitzen dachziegelig die 2–4 mm langen, dunkelblaugrünen, steif bewimperten Blätter. Diese sind an der Spitze zurückgekrümmt. Die Blätter sind wintergrün; sie können also an wärmeren Wintertagen Fotosynthese betreiben und somit Energie gewinnen. An der Oberseite der Blätter befinden sich ein bis drei winzige, kalkausscheidende Grübchen.

Die 3–4 cm hohen, meist aufrechten Blütenstängel tragen zwei bis drei gegenständige Blattpaare und am Ende eine einzige Blüte mit fünf breit-ovalen, weinroten, später blauvioletten Kronblättern. Diese sind etwa zwei- bis dreimal so lang wie die bewimperten Kelchblätter.

Die Pflanze blüht sofort nach der Schneeschmelze, also je nach Höhenlage etwa von Mai bis Juli, und bildet dichte Blütenteppiche. Die Blüten werden bereits im Herbst angelegt und überwintern als Knospen unter dem Schutz der obersten Laubblätter.

Um eine Bestäubung der Blüten durch Fliegen, Hummeln und Schmetterlinge zu sichern, erzeugt die Blüte reichlich Nektar. Auch Selbstbestäubung kommt häufig vor und ist zweckdienlich, wenn bei Kälteeinbrüchen im Sommer die nützlichen Insekten als Bestäuber nicht zur Verfügung stehen.

Die Pflanze erzeugt zahlreiche, äußerst leichte, flugfähige Samen von nur 0,0001 g, sodass eine weite Verbreitung gewährleistet ist.

Vorkommen und Verbreitung

Der Gegenblättrige Steinbrech wächst auf Kalk- und Silikatgestein. Besiedelt werden steile Felswände und Felsgrate, aber auch Schuttfluren der Gletschermoränen und gelegentlich Bachschotter.

Die Art ist eine arktisch-alpine Pflanze. Die Verbreitungsgebiete sind einmal die Gebirge Mittel- und Südeuropas wie Alpen, Jura, Pyrenäen, Sierra Nevada, Auvergne, Apennin, Karpaten und Gebirge der Balkanhalbinsel, zum anderen Nordeuropa, das subarktische und arktische Eurasien sowie arktisches und subarktisches Nordamerika und Grönland. Aufgrund der weiten Verbreitung haben sich im Alpenraum im Laufe der Zeit gut umrissene geografische Sippen und Unterarten herausgebildet.

So gibt es auf lange schneebedecktem Kalkschiefer und Urgestein der Schweizer, Südtiroler und Österreichischen Alpen als Unterart den Rudolphs-Steinbrech (*Saxifraga oppositifolia* susp. *rudolphiana*). Dieser bildet kompakte, harte Polster mit nur 1,5–2 mm langen, dachziegelig angeordneten Blättern aus. Auch die purpurfarbenen Blüten sind kleiner. In manchen Florenwerken wird er auch als eigenständige Art aufgeführt.

Dem Rudolphs-Steinbrech ähnelt auch der Zweiblütige Steinbrech *(Saxifraga biflora).* Diese prächtige, rot blühende Art bricht derzeit den Höhenrekord in den Alpen. Die Pflanze wurde noch am Dom im Wallis etwa 100 m unter dem Gipfel bei 4450 m entdeckt.

Eine weit gereiste Pflanze

Der Gegenblättrige Steinbrech entstand vermutlich in Zentralasien und ist vor etwa vier bis fünf Millionen Jahren in die Taimyr-Region in Nordsibirien eingewandert. Von dort breitete er sich über die gesamte Arktis aus, wie

Caspari 2013

Fossilfunde belegen. In dieser Zeit des auslaufenden Tertiärzeitalters war das Klima in den nördlichen Breiten wesentlich günstiger als heute, doch fand damals bereits eine gewisse Abkühlung statt und setzte dem subtropischen Klima des Tertiärs ein Ende. In dieser frühen Phase der Fernwanderungen hat der Gegenblättrige Steinbrech wohl auch die Alpen erreicht. Nach heutigen Vorstellungen hat er auch später die Eiszeiten in geschützten Teilarealen überlebt. Die Eiszeiten, die in mehreren großen Eisvorstößen und dazwischenliegenden eisfreien Phasen vor etwa zwei Millionen Jahren begannen, endeten (vorerst?) vor etwa 13 000 Jahren. Am Ende der letzten Eiszeit (womöglich auch vorher) wanderten einige Populationen des Gegenblättrigen Steinbrechs wieder nach Norden. Es herrschten also infolge der großen Klimaschwankungen in der Pflanzenwelt große Wanderbewegungen. Umgekehrt haben viele ursprünglich arktisch verbreitete Arten, so auch die Silberwurz, erst nach der Eiszeit die Alpen entdeckt.

Der Gegenblättrige Steinbrech ist vermutlich aus Zentralasien eingewandert. Er hat sich in der gesamten Arktis ausgebreitet und erreichte später auch die Alpen. Als eine Art mit arktischer Herkunft ist er an extreme Kälte gewöhnt. Selbst die Blüten überstehen Fröste von –10 bis –15 °C schadlos.

Der Gegenblättrige Steinbrech ist eine vielgestaltige, arktisch-alpine Pflanze, deren Wuchsformen sich dem Standort anpassen.

Eine erfolgreiche Besiedlungsstrategie

Der Gegenblättrige Steinbrech hat, etwas hochtrabend wissenschaftlich ausgedrückt, eine breite, ökologische Standortamplitude. Einerseits gehört er zu den höchststeigenden Blütenpflanzen der Alpen und ist noch in einer Höhe von über 4200 m anzutreffen. Andererseits steigt er gelegentlich in die niederen Gefilde der Bach- und Flusstäler herab, wo er in lockeren Rasen die Kies- und Schotterbänke besiedelt. Bevorzugte Standorte sind in den Alpen Kalk- und Silikatfelsen, Geröllhalden und Gletschermoränen. Letztere haben den Vorteil, dass sie am auslaufenden Ende des Eisstromes genügend Feuchtigkeit und auch Feinerde oder Feinschlamm bereitstellen. Allerdings herrschen dort infolge des kalten Schmelzwassers niedrige Temperaturen. Aber an Kälte ist der Gegenblättrige Steinbrech offenbar gewöhnt. Selbst zur Blütezeit, einer Phase der Pflanzen, in der sie in der Regel gegen Frost ziemlich empfindlich sind, überstehen die Blüten Temperaturen von –10 bis –15 °C schadlos. Eine extreme Kälteresistenz der Blüten zeichnet diese Pflanze aus.
Auch tiefe Temperaturen von –30 bis –40 °C im Winter an schneefrei geblasenen Windecken ertragen die wintergrünen Blätter und Sprosse, die durch Anthozyanbildung als Sonnenschutz häufig braunrötlich gefärbt sind. So ist es auch nicht verwunderlich, dass sich der Gegenblättrige Steinbrech im hohen Norden, so in Grönland, bis zum 83. Breitengrad vorwagt.
So variabel die Standortwahl der arktisch-alpinen Pflanze ist, so vielgestaltig sind auch die Wuchsformen als Anpassung an die jeweiligen Verhältnisse vor Ort. Die Art bildet Rosetten- und Kugelpolster oder überzieht nackten Fels als flache Kriechpolster. Als Schuttstauer bildet sie im lockeren Gesteinsschutt kleine Inselchen, indem sie den Gesteinsschutt girlandenartig mit ihren schlaffen, wurzelnden Zweigen überzieht.

5

SCHNEETÄLCHEN, SCHNEEBÖDEN

Die Lebensräume Schneetälchen oder Schneeböden sind Mulden und flache Rinnen mit einer langen Schneebedeckung von acht bis zehn Monaten im Jahr. Die kurze schneefreie Periode muss von den Pflanzen, welche an diesen Standorten erfolgreich sein wollen, besonders gut genutzt werden.

Kaum sind die letzten Schneereste im Frühjahr oder Frühsommer geschmolzen, so erscheinen als Erstes die zierlichen Blüten des Kleinen Alpenglöckchens.

Arten

- Kleines Alpenglöckchen *(Soldanella pusilla)*
- Kraut-Weide *(Salix herbacea)*
- Klebrige Primel *(Primula glutinosa)*
- Kurzstängeliger Bayerischer Enzian (*Gentiana bavarica* var. *subacaulis*)

Strategien

- Strategien bei einer stark verkürzten Vegetationszeit: Ausbildung der Blütenknospen im Vorjahr, Entfaltung der Blüten im Frühjahr noch unter der Schneedecke.
- Strategien zum Energiehaushalt: Fotosynthese der wintergrünen Blätter bereits unter der dünnen Schneedecke (Alpenglöckchen), extrem langsames Wachstum (Kraut-Weide).
- Strategien gegen Stürme und Frost: Verlagerung des reich verzweigten Astwerkes und der Stämmchen unter eine schützende Humusdecke (Kraut-Weide).

Kleines Alpenglöckchen

{*Soldanella pusilla*}

Familie Primelgewächse (Primulaceae)

Porträt

Das Kleine Alpenglöckchen hat viele Volksnamen wie Eisglöckel, Schneeäglein, Rossgleggli oder Geißgleggli. Sie ist ein zierliches, nur 4–8 cm hohes, mehrjähriges Pflänzchen. Im Gegensatz zum Großen Alpenglöckchen *(S. alpina)*, dessen Blütenschaft zwei bis drei Blüten trägt, besitzt das Kleine Alpenglöckchen nur eine endständige, rötlich violette, selten weiße, eng glockenförmige Krone. Diese ist nur 10–15 mm lang und nur zu einem Sechstel bis zu einem Viertel ihrer Länge zerschlitzt oder gefranst. Am Grund der Krone sitzen die Nektardrüsen, die reichlich Nektar absondern und damit Bienen, Schmetterlinge und auch Fliegen zur Bestäubung anlocken. Die Innenseite der Krone ist mit blauen Längsstreifen versehen. Während der Blütezeit ist die Krone hängend; somit sind die Nektardrüsen gegen Regen und Benetzung geschützt. Zur Fruchtzeit streckt sich der Blütenstiel, sodass die Fruchtkapsel fast senkrecht steht. Die reifen Samen werden vom Wind ausgeschüttelt. Ihre Keimung wird durch Frost gefördert.

Am Grunde der Pflanze sitzen die lederigen, rundlichen bis nierenförmigen oder fast kreisrunden Blätter. Sie sind höchstens 1 cm breit, ihre Oberseite ist durch hervortretende Nerven (besonders deutlich im trockenen Zustand) ausgezeichnet. Die Blattunterseite erscheint punktiert, da sie mit zahlreichen, kleinen Drüsengrübchen ausgestattet ist.

Die Blütezeit schwankt je nach Ausaperungszeit zwischen Mai und August in einer Höhe zwischen 1600 und 3100 m.

Vorkommen und Verbreitung

Die Pflanze bevorzugt vom Schneewasser durchfeuchtete, kalkfreie, humose Standorte mit langer Schneebedeckung. Das Kleine Alpenglöckchen ist eine der wenigen Arten, die im Tertiär in den Alpen entstanden sind. Sie ist also alpigen. Sie bevorzugt hoch gelegene Standorte der Alpen, des Apennin, der östlichen Karpaten und der östlichen Gebirge der Balkanhalbinsel. Sie kommt auch noch vereinzelt im Schwarzwald vor. In Kalkgebirgen siedelt sie sich erst an, wenn der Boden vom Kalk ausgelaugt ist oder wenn sich eine humusreiche, kalkfreie Bodenschicht entwickelt hat.

Neun Monate unter einer Schneedecke

Das Kleine Alpenglöckchen gehört zu den charakteristischen Arten der sogenannten Schneetälchen- oder Schneebodengesellschaften. Humusreiche, kalkfreie, lange vom Schmelzwasser durchfeuchtete Böden in muldenförmigen Vertiefungen, in denen der Schnee lange liegen bleibt, sind seine typischen Standorte. Die schneefreie Zeit oder Aperzeit beträgt maximal vier Monate im Jahr. Sinkt diese Zeit wesentlich unter drei Monate, hat selbst das bescheidene Pflänzchen keine Möglichkeit, zur Blüten- und Fruchtbildung zu gelangen. Laub- und Lebermoose, die längere Schneebedeckung ertragen, nehmen seinen Platz ein.

Die meiste Zeit des Jahres lebt also das Kleine Alpenglöckchen unter einer Schneedecke. Das hat auch Vorteile, denn die zierliche, windempfindliche Pflanze genießt den Schneeschutz. Unter der Schneedecke friert der Boden nur selten oder die Bodentemperatur sinkt nur auf wenige Minusgrade ab, bei denen sogar noch eine Fotosynthese möglich ist.

Caspari 2018

Das Kleine Alpenglöckchen gehört zu den Charakterarten der Schneebodengesellschaften. Um winterlichen Frösten zu entkommen, schlüpft es unter eine Schneedecke und verharrt dort acht bis neun Monate. In der kurzen Vegetationszeit von etwa drei bis vier Monaten muss es Blüten treiben und reife Samen erzeugen.

Der Pflanzenzwerg als Saisonarbeiter

Das Kleine Alpenglöckchen ist also gezwungen, seinen Lebensrhythmus an die extrem kurze Vegetationszeit von etwa drei bis vier Monaten anzupassen. In dieser kurzen Zeit muss es seine Blüten zur Entfaltung und die Samen zur Reife bringen sowie die Knospen für das nächste Frühjahr und den nächsten Sommer anlegen; denn die Pflanze überwintert mit voll ausgebildeten Blütenknospen, sodass sie sich bei Erwärmung im nächsten Jahr in kurzer Zeit entfalten können. Eine isolierende Schneedecke verhindert das vorzeitige Austreiben und das Wachstum bei vorübergehender Erwärmung an frostfreien Tagen im ausgehenden Winter, bei der die Lufttemperatur oft stark ansteigen kann, denn unter der Schneedecke bleibt die Bodentemperatur in der Nähe des Nullpunktes. Erst wenn die Bodentemperatur auf einige Plusgrade ansteigt, wird das Wachstum angeregt. Dann beginnt für das Kleine Alpenglöckchen die Hochsaison seiner Arbeit. Dafür sind ein hoher Material- und Energieaufwand erforderlich, bis das Pflänzchen quasi als Saisonarbeiter wieder in die lange, winterliche Ruhephase treten kann. Doch, so ganz untätig kann und darf es auch in dieser Zeit der winterlichen Ruhe nicht bleiben, denn der Energiegewinn in der kurzen, sommerlichen Aktivität reicht für den Fortbestand der Pflanze nicht aus. Zum Glück bleiben die Blätter des Kleinen Alpenglöckchens über die Winterzeit grün und funktionsfähig. Das Pflänzchen kann somit Fotosynthese betreiben, sobald ausreichend Licht zur Verfügung steht. Dies tritt dann ein, wenn die Dicke der Schneedecke unter 20 cm bleibt oder im ausgehenden Winter darunter sinkt. Doch bald beginnt für die Pflanze der Zeitpunkt des Durchbruches, indem sie sich unter dem Schnee einen kleinen Freiraum schafft. Die von den dunkelfarbigen, rotbraunen Stangeln und Blütenknospen absorbierte Strahlenwärme genügt, um den Schnee rund um das Pflänzchen soweit zu schmelzen, dass es die Schneedecke durchstoßen kann. Bei starker Schneeauflast oder starkem Schneedruck wachsen die Triebe waagrecht und richten sich erst auf, wenn der schmelzende Schnee lockerer wird.

Kraut-Weide

{*Salix herbacea*}

Familie Weidengewächse (Salicaceae)

Porträt

Die Kraut-Weide ist ein mehrjähriger, winziger Zwergstrauch von 6–8 cm Höhe. Nur die Zweigspitzen ragen aus dem Boden und tragen zwei fast kreisrunde, kurz gestielte, hellgrüne Blätter mit einer ausgeprägten Nervatur. Am Ende der diesjährigen Triebe sitzen die kopfförmigen, etwa 1 cm großen Kätzchen mit vier bis zwölf unscheinbaren Blüten.

Die Kraut-Weide ist wie alle Weidenarten zweihäusig, das heißt, es gibt Individuen, die nur Kätzchen mit männlichen Blüten tragen, und andere Pflanzen, die nur weibliche Blüten entwickeln. Die männlichen Blüten bestehen aus zwei Staubblättern und zwei Nektardrüsen. Die Staubbeutel sind vor dem Aufblühen purpurn und während der Blütezeit gelb. Die weibliche Blüte besteht aus einem kahlen, kurz gestielten Fruchtknoten und zwei Nektarblättern.

Die Pflanze blüht je nach Höhenlage von Juni bis September. Die Blüten werden wohl hauptsächlich durch den Wind bestäubt. Da die männlichen und weiblichen Blüten Nektardrüsen besitzen und auch reichlich Nektar produzieren, ist auch eine Bestäubung durch Insekten, zum Beispiel Fliegen, möglich. Blütenbiologische Beobachtungen stehen noch aus. Die winzigen Samen tragen einen Haarschopf. Eine weite Verbreitung der schwebefähigen Samen durch den Wind ist somit gewährleistet.

Vorkommen und Verbreitung

Der Lebensraum der Kraut-Weide sind humusreiche, kalkarme, flache Mulden mit einer langen Schneebedeckung. Für eine erfolgreiche Blüten- und Fruchtbildung benötigt die Pflanze eine Aperzeit, also eine weitgehend schneefreie Zeit, von etwa drei Monaten. Übersteigt die schneefreie Zeit des Jahres vier Monate und mehr, so machen ihr andere Arten des Krummseggenrasens mit der bestandsbildenden Krumm-Segge *(Carex curvula)* den Platz streitig. Die Höhenverbreitung in den Alpen schwankt zwischen 1800–3300 m.

Schutz durch die Schneedecke

Als typische Schneebodenpflanze nutzt sie noch die temperaturausgleichende Wirkung der Schneedecke, die über acht Monate des Jahres an diesen Standorten herrscht. Die längere Schneebedeckung schützt die Pflanze vor Austrocknung und im Frühjahr bei kurzfristiger Erwärmung vor frühzeitigem Austreiben. Im Gegensatz zu den meisten charakteristischen Schneebodenarten – beispielsweise dem Kleinen Alpenglöckchen –, die mit grünen Blättern überwintern und im zeitigen Frühjahr Fotosynthese betreiben können, besitzt die Kraut-Weide keine immergrünen Blätter. Dadurch genießt zwar die Pflanze den Schutz einer isolierenden Schneedecke, aber damit ist auch die produktive Phase der Fotosynthese mit Stoff- und Energiegewinn stark verkürzt. Dieser Umstand und die zusätzlich extreme Situation des hochalpinen Standortes bedingen auch ein extrem langsames Wachstum. Untersuchungen haben ergeben, dass eine Pflanze nach vierzig Jahren einen Stammdurchmesser von nur 7 mm erzielt, das bedeutet, dass der jährliche Zuwachs eines Stämmchens nur ein Zehntel Millimeter beträgt.

Der Nachteil einer verkürzten Vegetationsperiode wird durch einen höheren Humusgehalt des meist schwarzen Bodens sowie eine ausreichende Versorgung mit Feuchtigkeit wieder wettgemacht. Die Kraut-Weide meidet kalkreiches Gestein und hat somit im Kalkgebirge wenig

Caspari 2018

Die Kraut-Weide ist ein winziger Zwergstrauch, bei dem nur die Zweigspitzen mit zwei runden Blättern herausragen. Der übrige Teil der Pflanze steckt im schützenden Erdreich.

Überlebensstrategien

Ein Leben im Untergrund

Linné bezeichnete die Kraut-Weide als den kleinsten Baum der Erde. Die nur wenige Zentimeter hohe Gehölzpflanze verkriecht sich in das schützende Erdreich, um den winterlichen Frösten und Stürmen zu entgehen. Sie lebt also zu mehr als drei Vierteln unter der Erde. Der Stamm und das Astwerk sind ganz in den Boden verlagert. Nur die kurzen Triebe mit den kleinen Blättchen und den endständigen Blütenkätzchen, die das zwergenhafte Bäumchen jährlich bildet, ragen aus der Erde. (In der Zeichnung sind das Astwerk und die Stämmchen freigelegt.) In den Achseln der kleinen Blättchen befinden sich bereits die Knospen und Blütenanlagen, die für die Bildung des Zweigabschnittes und der Blüten im kommenden Jahr vorgesehen sind. Die oberirdischen Sprosse oder Zweigabschnitte erfahren jährlich nur einen Längenzuwachs von 2–4 mm. Unter der Erdoberfläche durchzieht ein reich verzweigtes Ast- und Wurzelwerk den humosen Boden. Die Mutterpflanze treibt langgliedrige, unterirdische, bewurzelte Ausläufer oder Sprosse mit schlafenden Knospen (Reserveknospen). Von dem Muttersspross gehen mehrere Seitensprosse ab, die bald Wurzeln treiben und sich vom Muttersspross unabhängig machen. Muttersspross und Seitenspross trennen sich rasch; das ursprüngliche Individuum zerfällt in getrennte, einzelne Sträuchlein. Dies führt zu ausgedehnten, teppichartigen Beständen der Kraut-Weide. Die Mutterpflanze stirbt nach acht bis zehn Jahren ab.

Chancen. Einen Vorteil für die Pflanze bilden die Schneetälchen, in denen durch den Wind reichlich Staub abgelagert wird, sodass im Laufe der Jahre eine kalkfreie Humusschicht entsteht und der chemische Einfluss des kalkreichen Muttergesteins verschwindet. Somit stößt man oft unvermutet im Kalk- oder Dolomitgestein auf Bestände der Kraut-Weide, die eigentlich dort nicht vorkommen dürfte. Die Staubverfrachtungen im Hochgebirge sind größer, als man sich vorstellen kann. Nach Messungen schwanken die jährlichen Staubeinwehungen zwischen sieben und 18 Tonnen pro Hektar. Der Bergsteiger erkennt diese humusreichen Ablagerungen an den schwarzen Rändern der abschmelzenden Schneedecke.

Bedrohung durch den Klimawandel

Dramatisch ist der Rückgang der großen Gletscherfelder in den Alpen. Diese Entwicklung des Klimawandels bewirkt auch eine frühere Ausaperung und somit einen Schwund der Flächen mit einer längeren Schneebedeckung. Damit entfällt der lebensnotwendige Schutz für die typischen Schneebodenpflanzen. Der Schwund oder sogar der Verlust der Flora dieser einzigartigen Schneebodenstandorte ist die Folge.

Eine Art, die aus dem hohen Norden kam

Die Kraut-Weide, die ursprünglich eine Pflanze der Arktis und des hohen Norden ist, hat die Alpen erst während oder nach der Eiszeit entdeckt und ist somit ein typisches Eiszeitrelikt. Heute genießt sie auch die karge Schönheit anderer Hochgebirge wie Pyrenäen, Apennin oder Karpaten oder die Gebirge von England, Schottland sowie der Balkanhalbinsel.

Die Kraut-Weide nutzt, wie auch viele andere Schneebodenarten, den Vorteil einer langen Schneebedeckung. Der Klimawandel und seine Folgen werden die Existenz dieser Pflanzen bedrohen.

Klebrige Primel

{*Primula glutinosa*}

Familie Primelgewächse (Primulaceae)

Porträt

Die Klebrige Primel, auch Blauer Speik genannt, ist eine ausdauernde Pflanze mit mehrköpfigem Wurzelstock. Die Art ist daher rasenbildend. Dies kommt besonders zur Blütezeit zur Geltung, wenn die dicht gedrängten Blütenstängel mit ihren blauvioletten Blüten hoch gelegene, meist feuchte Alm-/Alpböden überziehen und diese zusammen mit weiß blühenden Arten, wie die Alpenmargerite, in einen bunten Teppich verwandeln.

Die grundständigen, etwa 3–6 cm langen und 3–8 mm breiten Blätter sind spatel- bis keilförmig, in der oberen Hälfte spitz gezähnt und allmählich in einen breiten Blattstiel verschmälert. Die matt glänzenden, oberseits dunkel punktierten Blüten besitzen zahlreiche, winzige, klebrige Drüsenhaare. Der 4–8 cm hohe Blütenschaft trägt eine bis sieben sehr kurz gestielte, stark duftende Blüten. Diese sind anfangs blau, später schmutzig violett und beim Verblühen lila. Wie die Blätter und Stängel sind auch die Blüten durch kurze Drüsen stark klebrig. Die 10–15 mm breite Blütenkrone ist auf ein Drittel bis zur Hälfte in spreizende Lappen eingeschnitten.

Die Blütendolde wird am Grund von kurzen, braunroten, 7–10 mm langen Hüllblättern umschlossen. Der braunrote Kelch der Einzelblüte ist bis auf die Hälfte eingeschnitten.

Die Blütezeit schwankt, je nach Höhenlage und Dauer der Schneedecke, zwischen (Juni) Juli und August. Die Klebrige Primel bildet gern Hybride oder Bastarde mit anderen Primelarten.

Bestäubt werden die Blüten hauptsächlich durch langrüsselige Schmetterlinge und Hummeln.

Vorkommen und Verbreitung

Bevorzugt sind kalkarme bis saure Magerwiesen und Alm-/Alpweiden mit langer Schneebedeckung sowie feuchter Felsschutt in einer Höhe zwischen 1800 und 3100 m. Die Pflanze ist an ähnlichen Standorten wie die Kraut-Weide anzutreffen (siehe Seite 152).

Der Blaue Speik ist eine endemische Art der Alpen. Verbreitet ist die Pflanze in den zentralen und südlichen Teilen der Ostalpen von Graubünden in der Schweiz bis Kärnten und Steiermark in Österreich.

Zu den Ahnen der alpinen Primeln

Die artenreiche Gattung Primel mit über 250 Arten hat ihren Schwerpunkt in Asien, vor allem im Himalaya und in Tibet. Die Gattung wird in mehrere Untergattungen oder Sektionen aufgeteilt. Aus der Sektion *Auricula,* zu der auch die Klebrige Primel und die Aurikel (siehe Seite 122) gehören, sind viele unserer Hochgebirgsarten wie auch die Zwerg-Primel *(P. minima)* entstanden. Deren Vorfahren lebten im jüngeren Tertiär – etwa vor zwanzig Millionen Jahren – in den heutigen Gebirgsstöcken der Alpen, Karpaten und Pyrenäen. Die tertiären Stammarten, die in tieferen Lagen gelebt haben, sind in den mitteleuropäischen Gebirgen ausgestorben. Einige Reste der alten Stammformen sind noch in Ostasien erhalten.

Der sagenumwobene Speik

Als Speik werden in den Alpen stark duftende, aromatische Pflanzen bezeichnet. So gibt es den Blauen, Ross- oder Frauen-Speik *(Primula glutinosa),* dann den Echten Speik *(Valeriana celtica),* den Wilden Speik oder Felsen-Baldrian *(Valeriana saxatilis),* den Grießspeik oder Alpen-Leinkraut

Caspari 2019

(Linaria alpina), den Frauen-Speik oder die Halbkugelige Rapunzel *(Phyteuma hemisphaericum)*, den Kleinen Speik oder Echten Lavendel *(Lavandula officinalis)* und den Weißen, Kuh-Speik oder Steinraute *(Achillea clavenae)*. Allen würzigen oder duftenden Pflanzen wird seit jeher im Volksglauben eine Heil- und auch Zauberkraft zugeschrieben, deren tatsächliche oder auch vermeintliche Wirkung von der Kosmetik- und Pharmaindustrie genutzt wird.

Die Klebrige Primel, auch Blauer Speik genannt, ist eine endemische Art der Alpen. Sie wächst an ähnlichen Stellen wie die Kraut-Weide.

Die Klebrige Primel zeigt sich nach langer Schneebedeckung in dieser Blütenpracht.

Kein Nachteil ohne Vorteil

An den bevorzugten Standorten der Klebrigen Primel, nämlich sanften Hängen und welligen Hochflächen mit langer Schneebedeckung, herrschen weder Nährstoffmangel noch Wassermangel. Der eingewehte Humusstaub mit mineralischer Feinerde, der sich während der langen Wintermonate an der Oberfläche der Schneedecke ansammelt, wird bei der Schneeschmelze als Dünger dem Boden zugeführt. Zwar muss die Pflanze, wie alle Schneebodenarten, mit kurzer Vegetationszeit zurechtkommen, aber dafür ist sie nicht den harten, winterlichen Frösten ausgesetzt. Auf sonnigen, stärker geneigten Hängen mit früher Ausaperung wird die Klebrige Primel von Gräsern, Seggen und anderen Konkurrenten verdrängt.

Auch die Zwerg-Primel ist auf Schneeböden häufig mit der Klebrigen Primel vergesellschaftet.

Kurzstängeliger Bayerischer Enzian

{*Gentiana bavarica* var. *subacaulis*}

Familie Enziangewächse (Gentianaceae)

Porträt

Der Kurzstängelige Bayerische Enzian bildet niedrige, fast polsterförmige, sterile Rasen von wenigen Zentimetern Höhe. Daraus erhebt sich an einem sehr kurzen Stängel die einzelne Blüte. Die Pflanze hat eine Höhe von 5–10 cm.

Die fast kreisrunden Blätter der blütenlosen Triebe sind dicht dachziegelig gedrängt. Die tiefblaue Blütenkrone besteht aus fünf ausgebreiteten, stumpfen Kronzipfeln und einer 20–25 mm langen Kronröhre. Der schmale, kaum geflügelte Kelch ist etwas länger als die halbe Kronröhre und oft violett überlaufen. Er besitzt lanzettliche, spitze, 5–6 mm lange Kelchzähne. Die Narbe der Blüte ist tief zweiteilig. Die Pflanze öffnet ihre Blüten erst bei einer Lufttemperatur von über 11 °C.

Der Kurzstängelige Bayerische Enzian blüht von Juli bis August in einer Höhe von etwa 2400 bis 3600 m.

Vorkommen und Verbreitung

Feuchte Weideflächen und kalkarme bis saure Feinschutthalden mit langer Schneebedeckung sind die Standorte des Kurzstängeligen Bayerischen Enzians. Er ist auf die Hochlagen der Alpen beschränkt.

Caspari 2018

Der Kurzstängelige Bayerische Enzian bildet niedrige, fast polsterförmige Rasen auf kalkarmem bis saurem Feinschutt in den Hochlagen der Alpen mit langer Schneebedeckung.

Der Formenkreis der kleinblütigen Enzianarten ist sehr vielgestaltig. Eine genaue Zuordnung ist daher oft schwierig.

Anpassung durch Selektion

Entwicklungen und Ausdifferenzierung von Eigenschaften, welche die Überlebenschancen einer Art erhöhen, geschehen nur in einem langen Prozess, der sich über viele Jahrtausende und mehr erstreckt. Dabei treten schrittweise kleine Veränderungen des Erbgutes auf, die zu veränderten Eigenschaften führen. Durch Selektion werden Pflanzensippen gefördert, die die geeigneten Voraussetzungen zur Besiedlung neuer Gebiete mit veränderten Standortbedingungen besitzen. Der niedrige Polsterwuchs des Kurzstängeligen Bayrischen Enzians ist als eine Anpassung an den speziellen Standort der Schneeböden zu sehen.

Bei der Normalform des Bayerischen Enzians sitzt die Blüte an einem aufrechten, mehrblättrigen, bis zu 20 cm hohen Stängel. Die Blätter sind länger, verkehrt eiförmig bis spatelförmig. Es ist strittig, ob der Kurzstängelige Bayerische Enzian eine eigenständige Pflanzensippe oder nur eine Hochgebirgsform darstellt.

Man muss sich vor Augen halten, dass jede Art im Laufe von Jahrtausenden und mehr eine eigene Entwicklung durchgemacht und sich nach und nach von nah verwandten Arten oder Varietäten weiter abgetrennt hat. Vor dem Einsetzen der großen Eiszeiten (es gab mindestens fünf größere Vereisungsperioden) hatten viele Pflanzen im damaligen Alpenraum eine größere Ausdehnung und bildeten meist zusammenhängende Areale. Durch die Zunahme der Vereisungen wurden viele Arten und Gattungen in isolierte, abgesonderte Teilareale zersplittert. Ein Genaustausch mit den anderen Populationen war somit unterbunden. Dadurch konnte in diesen isolierten Populationen eine eigene Entwicklung einsetzen, die allmählich zu größeren und auch genetisch fixierten Merkmalsunterschieden führte. So gibt es im Formenkreis des Frühlings-Enzians *(Gentiana verna)* Arten, die auf die Westalpen oder auf die Nordostalpen oder auf die Südostalpen mit unterschiedlichen Merkmalen und anderen Standortansprüchen beschränkt sind. Wiederum andere Arten sind an Standorte mit langer Schneebedeckung oder, umgekehrt, an Wind und Frost ausgesetzte, meist schneefreie Grate angepasst.

6

HALB- UND VOLLPARASITEN

Die Halbparasiten unter den Blütenpflanzen besitzen wie die Wirtspflanzen, auf denen sie sitzen, Chlorophyll oder Blattgrün. Sie sind somit zur Fotosynthese fähig. Die Arten der Läusekräuter, so auch das Quirlblättrige Läusekraut, entziehen der Wirtspflanze nur Wasser und Nährsalze.

Den Vollparasiten unter den Blütenpflanzen fehlt das Chlorophyll oder Blattgrün. Sie entziehen der Wirtspflanze neben Wasser auch lebensnotwendige Stoffe wie Zucker.

Viele Pflanzen der Magerstandorte, so auch alle Arten des Läusekrautes, leben als Halbschmarotzer.

Arten

- Quirlblättriges Läusekraut *(Pedicularis verticillata)*
- Alpen-Rachenblume *(Tozzia alpina)*

Strategien

- Strategien gegen Wasser- und Mineralstoffmangel: Die Pflanzen entziehen den Wurzeln anderer Pflanzen nur Wasser und Mineralstoffe (Halbschmarotzer).
- Strategien bei völligem Mangel an Nährstoffen in der Entwicklungsphase: Die Pflanzen holen sich alle lebensnotwendigen Stoffe von anderen Pflanzen (Vollparasiten).

Quirlblättriges Läusekraut

{*Pedicularis verticillata*}

Familie Sommerwurzgewächse (Orobanchaceae)

Porträt

Das Quirlblättrige Läusekraut gehört zu den dekorativsten Blütenpflanzen der hoch gelegenen Bergwiesen und Magerrasen. Aus den verzweigten, spindelförmigen Wurzeln entspringen mehrere kantig gefurchte, stark behaarte und häufig rot überlaufene Stängel. An diesen sitzen die kurz gestielten Blätter jeweils zu dritt bis viert in einem Quirl. Grundblätter wie Stängelblätter sind im Umriss lanzettlich, aber kammartig gefiedert mit ungleich stachelspitz gesägten Zipfeln.

Der Blütenstand ist eine kopfige Traube. Die einzelnen purpurroten und dunkler geaderten Blüten sitzen in den Achseln gefiederter oder gekerbter, häufig violett überlaufener Tragblätter. Die Blütenkrone besteht aus einer 16–18 mm langen, fast geraden, ungeschnäbelten und plötzlich abgestutzten Oberlippe und einer dreilappigen Unterlippe. Der längs gestreifte, aufgeblasene und grauhaarige Kelch ist etwa halb so lang wie die Krone. Die Pflanze blüht von Juni bis August.

Vorkommen und Verbreitung

Das Quirlblättrige Läusekraut ist eine Charakterart der kalkhaltigen, hoch gelegenen Rasengesellschaften und steinigen Weiden in einer Höhe zwischen 1500 und 2800 m (gelegentlich auch tiefer).

Das Zentrum der artenreichen Gattung Läusekraut *(Pedicularis)* sind die Hochsteppen und Gebirge Zentral- und Ostasiens. Von dort strahlten vorwiegend Hochgebirgsarten in die mitteleuropäischen Gebirge ein. Die allgemeine Verbreitung des Quirlblättrigen Läusekrautes sind die Alpen, die Pyrenäen, die zentralfranzösischen Gebirge, der Apennin, die Karpaten, die Gebirge der nördlichen Balkanhalbinsel sowie die arktischen Gebiete Europas, Asiens und Amerikas. Pflanzengeografisch beurteilt ist das Quirlblättrige Läusekraut eine eurasisch-arktisch-alpine Art.

Blütenbau und Samenverbreitung

Das Quirlblättrige Läusekraut ist eine typische Hummelpflanze. Nur langrüsselige Insekten können den Nektar erreichen, der tief im Grund der Blütenröhre verborgen ist. Die Oberlippe umschließt vier Staubblätter, zwei längere und zwei kürzere, deren Staubbeutel paarweise dicht beieinanderliegen. Zwischen den Staubblättern befindet sich der Griffel mit der kopfigen Narbe. Eine anfliegende Hummel setzt sich auf die Unterlippe der Blüte, um den begehrten Nektar aus dem tiefen Blütengrund zu holen. Durch das Gewicht der Hummel werden die Staubblätter aus ihrer Lage gebracht und bestreuen den Rücken des Tieres mit den Pollenkörnern. Gleichzeitig streift die Hummel an der Narbe den Blütenstaub ab, den sie vom Besuch einer anderen Pflanze mitgebracht hat. Nur langrüsselige und «gewichtige» Insekten wie die Hummeln können den Bestäubungsvorgang erfolgreich durchführen.

Auch bei der Samenausbreitung spielt eine plötzliche Gewichtsveränderung als Auslöser eine Rolle. Diesmal nicht durch den Besuch einer «gewichtigen» Hummel, die sich für die Blüten im Reifezustand nicht mehr interessiert, sondern durch die Wucht großer Regentropfen. Wenn diese auf die federnd gestielten Früchte fallen, biegen sich die Fruchtstiele zurück, um gleich darauf vorzuschnellen und die Samen wegzuschleudern.

Caspari 2019

Das Quirlblättrige Läusekraut hat einen komplizierten Blütenbau. Nur gewichtige und langrüsselige Insekten, wie etwa Hummeln, können den Nektar der Pflanze erreichen und die Blüte erfolgreich bestäuben.

Bei Mangel schmarotzt man beim Nachbarn

Alle Läusekräuter sind Halbschmarotzer und holen das, woran es ihnen mangelt, von anderen Arten. Sie produzieren zwar als grüne Pflanzen organische Stoffe wie Zucker und Stärke selbst, aber sie zapfen mit ihren Wurzeln und deren Saugern (Haustorien) die Wurzeln anderer Pflanzen an und entziehen diesen Wasser und Nährsalze. Bevorzugte Wirtspflanzen sind Gräser wie das Kalk-Blaugras *(Sesleria caerulea),* eine Charakterart der hoch gelegenen Kalkmagerrasen.

Als Halbschmarotzer zapft das Quirlblättrige Läusekraut die Wurzeln benachbarter Gräser an, um ihnen Wasser und Nährsalze zu entziehen.

Alpen-Rachenblume

{Tozzia alpina}

Familie Braunwurzgewächse (Scrophulariaceae)

Porträt

Die Alpen-Rachenblume ist eine kurzlebige, etwa 10–50 cm hohe Pflanze. Sie wird oft als eine ausdauernde Art aufgeführt, aber davon später. Die Pflanze besitzt einen kriechenden, dicht mit Schuppenblättern besetzten Wurzelstock. Aus diesem entspringt bald nach der Schneeschmelze ein vierkantiger, oben zweireihig behaarter, zerbrechlicher Stängel. Die gegenständigen, kahlen, etwas fleischigen, 1–2 cm langen Blätter haben beiderseits ein bis drei grobe Zähne.

Die Blüten sitzen in den Blattachseln der reich verzweigten Pflanze. An kräftigen Individuen können bis zu zweihundert Blüten vorkommen. Die leuchtend gelbe, etwa 1 cm große Blütenkrone besteht aus einer zweilappigen, aufrechten Oberlippe und einer dreilappigen, purpurn punktierten Unterlippe.

Bei den jungen Blüten ragt der Griffel mit der Narbe weit hervor und kann von Fliegen und anderen Insekten mit dem Blütenstaub einer anderen Pflanze bestäubt werden. Mit dem weiteren Wachstum der Krone und mit der Streckung der vier Staubblätter zieht sich der Griffel mit der Narbe in den Blütenschlund zurück. Somit ist eine Selbstbestäubung weitgehend ausgeschlossen und eine Fremdbestäubung gesichert. Nach kurzer Blütezeit, etwa im Juni, stirbt die Pflanze ab. Die grünen, unreifen Samen fallen zu Boden. Sie gelangen erst dort zur Reife.

Vorkommen und Verbreitung

Der Lebensraum der Alpen-Rachenblume sind sickerfeuchte, kalkreiche Lehmböden mit einer üppigen Hochstaudenflur, in der sie oft für den Wanderer verborgen bleibt. Sie wächst auch im lockeren Grünerlengebüsch in einer Höhe zwischen 1200 und 2400 m.

Vergesellschaftet ist sie vor allem mit dem Grauen Alpendost *(Adenostyles alliariae)*, mit der Gewöhnlichen und Weißen Pestwurz und mit dem Alpen-Ampfer. Von diesen Arten bezieht sie noch zusätzlich Wasser und Nährsalze. Sie ist in diesem Stadium ein Halbschmarotzer.

Die Alpen-Rachenblume ist eine süd- und mitteleuropäische Gebirgspflanze mit einer Verbreitung in den Alpen, Pyrenäen, Sudeten, Karpaten, im Jura und Apennin sowie in den Gebirgen der Balkanhalbinsel.

Caspari 2018

Die Alpen-Rachenblume hat eine besondere Entwicklungsgeschichte. Aus dem Samen entsteht ein knöllchenartiger Sprosskörper, der zwei bis drei Jahre im Boden als Vollparasit von anderen Pflanzen lebt. Danach erst treibt die Pflanze grüne Stängel und reiche Blüten. In dieser Phase lebt sie als Halbschmarotzer.

Die Entwicklungsgeschichte einer parasitischen Pflanze

Der zu Boden fallende Same keimt noch im Spätsommer und entwickelt ein schuppiges Gebilde. Der Same ist zunächst mit Stärkekörnern vollgestopft. Aber dieser Nahrungsvorrat reicht für die lange weitere Entwicklung nicht aus. Der heranwachsende, knöllchenartige Sprosskörper verweilt zwei bis drei Jahre im Untergrund und ernährt sich als Vollparasit von Alpendost, Pestwurz und anderen Arten, denen er neben Wasser und Nährsalzen auch Kohlehydrate, wie Zucker, entzieht.

Erst im zweiten oder dritten (selten erst im vierten) Jahr verlässt die Pflanze ihre unterirdische Phase und treibt den oberirdischen, grünen, verzweigten Stängel mit Blättern und zahlreichen Blüten. In diesem Stadium verbleibt die Alpen-Rachenblume als Halbschmarotzer oder Halbparasit mit den genannten Wirtspflanzen in Verbindung, denen sie nur Wasser und Nährsalze entzieht.

Als grüne, oberirdische Pflanze ist die Alpen-Rachenblume, die mithilfe des Chlorophylls (Blattgrün) Fotosynthese betreibt und rasch nach dem Blühen abstirbt, gleichsam eine einjährige Art. Berücksichtigt man die Entwicklungszeit in der unterirdischen Phase, die mehrere Jahre dauert, so ist sie eine mehrjährige Art. Sie durchläuft zunächst das Stadium eines Vollparasiten, um für eine kurze Lebenszeit in das Stadium eines Halbparasiten zu gelangen.

7

SYMBIOSE MIT PILZEN UND/ODER BAKTERIEN

Zwei unterschiedliche Arten leben in Symbiose, wenn das Zusammenleben beiden Partnern Vorteile bringt. Bei der Symbiose einer Blütenpflanze mit Pilzen, genannt Mykorrhiza, versorgt die Pflanze den Pilz mit Kohlehydraten wie Zucker. Der Pilz liefert seinerseits der Pflanze Wasser, Stickstoff und Phosphate.

Einige Pflanzen, wie die Schmetterlingsblütler, gehen mit Knöllchenbakterien oder Rhizobien, die in kleinen Knöllchen an den Wurzeln der Pflanze leben, eine enge Lebensgemeinschaft ein. Diese Rhizobien binden den Stickstoff der Luft und liefern der Pflanze Ammoniak, der sofort von der Pflanze in einem langen Prozess zu Eiweiß weiterverarbeitet wird. Die Pflanze stellt im Gegenzug den Bakterien lebensnotwendige Kohlehydrate zur Verfügung.

Alle Orchideen, so auch das Kugelblütige Knabenkraut *(Traunsteinera globosa)*, brauchen in der Keimphase die Hilfe der Pilze.

Auch die meisten Zwergsträucher der Alpen, so auch das Steinröschen *(Daphne striata)*, profitieren von Pilzen, mit denen sie in Symbiose leben.

Arten

- Schwarzes Männertreu oder Bränderli (*Nigritella rhellicani,* syn. *nigra*)
- Alpen-Klee *(Trifolium alpinum)*
- Zwerg-Alpenrose *(Rhodothamnus chamaecistus)*

Strategien

- Strategien gegen Nährstoff- und Mineralstoffmangel: Der Pilzsymbiont liefert Mineralstoffe wie Phosphat, die Pflanze liefert Zucker. In der Keimungsphase der Orchideen sind diese Arten völlig auf Versorgung durch den Pilz angewiesen.
- Strategien gegen Stickstoffmangel: Bakterien wandeln Luftstickstoff in pflanzenverfügbare Stickstoffverbindungen um.
- Strategien gegen Wassermangel: Der Pilz erschließt und liefert der Pflanze die Wasservorräte aus den kleinsten Bodenporen.

Schwarzes Männertreu oder Bränderli

{*Nigritella rhellicani,* syn. *nigra*}

Familie Orchideen, Knabenkrautgewächse (Orchidaceae)

Porträt

Das Schwarze Männertreu, auch Kohlröschen genannt, ein zierliches Pflänzchen von 10–15 (–20) cm Höhe, oft versteckt im Gras der Bergmatten, tut sich dem Bergwanderer meist erst durch seinen intensiven Duft nach Vanille kund. Spätestens dann entdeckt man die 1–2 cm langen, kegel- bis eiförmigen Blütenköpfe mit ihren dicht gedrängten, schwarzpurpurnen, seltener hellrosa Blüten. Die 5–8 mm langen, lanzettlichen Blütenblätter sind sternförmig ausgebreitet, die seitlichen inneren Blütenblätter sind etwa halb so lang wie die äußeren. Die dreieckige Lippe mit langer, gerader Spitze ist (im Gegensatz zu den übrigen Orchideenarten) nach oben gerichtet. Die grundständigen Blätter sind linealisch, grasartig, stumpf und etwa 3–7 cm lang. Die Wurzelknolle ist handförmig gespalten.

Vorkommen und Verbreitung

Das Schwarze Männertreu blüht von Juni bis September in sonnigen Magerwiesen und Bergmatten, auf kalkreichen bis schwach sauren Böden zwischen 1600 und 2800 m Höhe in den Alpen und Voralpen.

Das Schwarze Männertreu ist eine subarktisch-alpine Pflanze. Verbreitet ist die Art darüber hinaus in den Pyrenäen, in der Auvergne, im Schweizer und Badischen Jura, im Apennin, in den Karpaten, auf der Balkanhalbinsel sowie in Skandinavien.

Eigenheiten der Orchideen

1. Die Blüten erzeugen keine einzelnen Pollenkörner, die als Blütenstaub durch Insekten auf andere Blüten übertragen werden, sondern die Pollenkörner sind zu einem Paket zusammengeklebt. Dieses Pollenpaket sitzt auf einem winzigen Stielchen, das am Grunde eine Haftscheibe besitzt. Das ganze «Wertpaket», wissenschaftlich Pollinium genannt, haftet sich mittels der klebrigen Scheibe an das Haarkleid eines nektarsuchenden Insektes und wird als Ganzes bei dem nächsten Blütenbesuch abgesetzt. Damit ist sichergestellt, dass alle Pollenkörner auf die Narbe der Pflanze gelangen und somit die zahllosen Samenanlagen befruchtet werden.

2. Die Pflanze produziert unendlich viele und unendlich kleine Samen. Diese sind nur etwa 1 mm lang und 0,1–0,3 mm breit. Die Samenschale hat winzige, wabenförmige Vertiefungen, die mit Luft gefüllt sind. Die äußerst flugfähigen Samen können daher durch den Wind über mehrere Kilometer weit verbreitet werden. Über 100 000 Samen ergeben erst 1 g.

3. Die Samen der Orchideen, wie auch des Männertreus, sind so klein, dass der Platz für einen Reiseproviant nicht mehr ausreicht. Diese Rucksackverpflegung, die die meisten Samenpflanzen mit sich bringen – genannt Nährgewebe oder Endosperm –, dient zur Keimung und zum Lebensunterhalt für den Keimling, bis er die ersten grünen Blätter entwickelt hat. Dann ist die Pflanze in der Lage, sich mittels der Fotosynthese selbst zu ernähren. Das Nährgewebe oder Endosperm besteht aus Zucker, Stärke, Eiweiß, Fett und anderen lebensnotwendigen Stoffen. So sind viele Samen, wie Erbsen, Bohnen oder Getreidekörner, auch für die menschliche Ernährung von Bedeutung. Bis das Männertreu das Stadium der ersten grünen Blätter erreicht hat, vergehen oft mehrere Jahre. Bis dahin muss er eine Partnerschaft in Form einer Symbiose mit einem Pilz eingegangen sein, der ihn mit Nährsalzen, Zucker und Eiweiß versorgt. Keine leichte Aufgabe, den richtigen Partner zu finden. Gerät er an den

Caspari 2019

falschen Pilzpartner, so kann es vorkommen, dass dieser den Keimling abbaut und zerstört. Bei der unendlich großen Zahl von Samen sind aber Ausfälle für die Arterhaltung mit einkalkuliert und deshalb unwesentlich.

Vermehrung geht auch anders

Vermehrung durch geschlechtliche Fortpflanzung, bei der das Pollenkorn die Eizelle in der anderen Pflanze befruchtet, ist der Regelfall. Reichliche Samenbildung sorgt für eine gesicherte Vermehrung und Verbreitung einer Art. Zudem erfolgt auch ein Genaustausch der Individuen.

Die Vermehrung durch eine ungeschlechtliche Fortpflanzung ist in der Pflanzenwelt gar nicht so selten. In dem einen Fall erfolgt die Bestäubung und anschließende Befruchtung (Verschmelzung des Zellkerns des Pollens mit der Eizelle in der Samenanlage) innerhalb derselben Pflanze, genannt Selbstbefruchtung oder Autogamie. Im zweiten Fall erfolgt die Samenbildung ohne vorhergehende Befruchtung durch den Pollen. Die jungen Embryonen entwickeln sich aus der Eizelle oder anderen Teilen der Samenanlage. Diese Art der Fortpflanzung nennt man Apomixis. Dadurch besitzen alle Nachkommen das gleiche Erbgut und das Aussehen dieser apomiktischen Kleinarten ist sehr konstant.

Der Formenkreis oder die Artengruppe des Männertreus oder Kohlröschens zeichnet sich durch eine große Variabilität aus. Dies ist unter anderem wohl durch Aufspaltung in viele apomiktische Arten bedingt, die sowohl in ihrer Merkmalsausstattung wie in ihrer geografischen Verbreitung sehr begrenzt sind. Etwas übertrieben ausgedrückt, hat jeder Gebirgsstock seine Regionalarten, die sich durch konstante, aber fein abgestufte Merkmale unterscheiden lassen. Andererseits gibt es über die geschlechtliche Vermehrung gerade bei den Orchideen, so auch bei der Gattung *Nigritella*, häufige Bastardierung, da zwischen den Arten und auch den Gattungen oft keine Kreuzungsbarrieren bestehen.

Die Gattung *Nigritella* ist entwicklungsgeschichtlich noch sehr jung und befindet sich durch Aufspaltung und Differenzierung noch in einer aktiven Phase der Evolution.

Das Schwarze Männertreu oder Kohlröschen ist eine formenreiche Art. Gelegentlich bildet sie auch orange- oder rosafarbene Blüten aus.

Das Schwarze Männertreu erzeugt zahlreiche winzige Samen. Der keimende Samen ist auf d[…] Ernährung dur[…] einen geeignet[…] Pilz angewiese[…] der ihn mit Zucker, Nährsalzen und Wasser versorg[…] Zwischen Keimling und Pilz entwickelt sich ein komplexes Wechselspiel.

Eine schwierige und oft lange Ehe

Der Ablauf der Symbiosebildung und die Form der Ernährung der Pflanze im Keimstadium bis zur selbstständigen, autotrophen Pflanze sind sehr komplex. Zunächst gelangt der Orchideensame in den Boden; er ist mit einer schleimigen, wasserabweisenden Schutzhülle umgeben. Die äußere Samenschale wird nach einigen Wochen oder gar Monaten gesprengt und es bilden sich feine Wurzelhaare oder Rhizoiden aus. Es entsteht ein spindelförmiges, wenige Millimeter großes, bleiches Gebilde – genannt Protokorm. Wird dieser Keimling von einem geeigneten Pilz infiziert, der ihn ernährt, so kann er sich weiterentwickeln.

Der Pilz produziert durch Abbau von totem, organischem Material, wie Zellulose oder Lignin, einen spezifischen Zucker, die Trehalose. Dieser «Pilzzucker» wird dem Orchideenkeimling geliefert. Die Trehalose wird von der Orchideenpflanze in Saccharose umgewandelt und als Brennstoff für das Wachstum genutzt. Allerdings liefert der Pilz den Zucker nicht über eine «Pipeline», sondern die Pflanze holt sich die begehrte Nahrung – etwas vereinfacht dargestellt – auf folgende Weise: Der Pilz dringt in die Zellen der Wurzelrinde der Pflanze ein und bildet dort ein dichtes Knäuel aus Pilzfäden oder Hyphen. Diese werden nach und nach von der jungen Pflanze abgebaut und verdaut. Der Pilz bleibt aber am Leben und infiziert wiederum weitere Zellen der jungen Wirtspflanze, in deren Rindenzellen er Hyphenknäuel ausbildet, die ebenso verdaut werden. Eine weitere Ausbreitung des Pilzgeflechtes in dem Wurzelgewebe der Pflanze wird so verhindert, die junge Orchidee hat den Pilz unter Kontrolle. Es besteht also eine komplexe Wechselbeziehung zwischen den Symbiosepartnern. Der Pilz versorgt die Pflanze in ihrem Jugendstadium mit Nährstoffen und anderen lebensnotwendigen Stoffen ohne eine erkennbare Gegenleistung.

Alpen-Klee

{*Trifolium alpinum*}

Familie Schmetterlingsblütengewächse (Fabaceae)

Porträt

Der Alpen-Klee besitzt unter den Kleearten die kräftigste Pfahlwurzel. Diese ist mit einer Länge von bis zu einem Meter in dem Boden verankert und teilt sich oben in einen vielköpfigen, ästigen Wurzelstock, der von braunen Blattscheiden umhüllt ist. Wie bei allen Kleearten sind die Blätter dreizählig und besitzen das fast symbolische «Kleeblatt». Die Blattstiele des Alpen-Klees sind 2–7 cm lang, ihre lineal-lanzettlichen, spitzen, frisch grünen, fast ganzrandigen Blättchen sind 1–4 cm lang und 3–6 mm breit. Am Grund des Blattstieles befinden sich die 4–5 cm langen Nebenblätter mit pfriemlicher Spitze.

Aus den Achseln der grundständigen Blätter entspringen die 5–15 cm langen Blütenstiele mit prächtigen fleischroten bis purpurroten Blütenköpfen. Diese bestehen aus zwei doldig genäherten Quirlen mit drei bis zwölf Blüten, die einen würzigen Duft ausströmen. Die Blütenköpfe sind am Grund von verwachsenen Hochblättern umhüllt. Die Einzelblüten sind kurz gestielt, etwa 18–22 mm lang. Nach dem Verblühen bleibt die Blütenkrone erhalten und wird zu einem trockenhäutigen Flugapparat zur Verbreitung der Fruchthülsen. Diese enthalten je ein bis zwei Samen. Der Alpen-Klee hat von allen Kleearten die größten und auffälligsten Blüten. Deren Nektar ist nur langrüsseligen Hummeln und Schmetterlingen zugänglich. Die Pflanze blüht von Juni bis August.

Vorkommen und Verbreitung

Der Alpen-Klee ist im Gegensatz zu den meisten anderen Kleearten kalkfeindlich. Er bevorzugt kalkarme und saure Böden. Häufig findet man ihn in sonnenexponierten, grauen oder bräunlichen Borstgrasmatten und Krummseggenrasen, die nur mit wenigen bunten und ansehnlichen Blüten aufwarten. Dort sticht der Alpen-Klee mit seinen prächtigen, nach Balsam riechenden Blütenköpfen hervor.

Der Alpen-Klee ist eine süd-mitteleuropäische Gebirgspflanze. Verbreitet ist er in Asturien, in den Pyrenäen und Alpen, im Apennin und in Siebenbürgen. In den nördlichen Kalkalpen von Österreich und Bayern sowie in den südlichen Kalkalpen und im Jura fehlt die Art. Sie ist auf kalkarmen Standorten der zentralen und südlichen Schweizer Alpen in einer Höhe zwischen 1600 und 3000 m stark verbreitet.

Der Alpen-Klee als Schutz und Stabilisator von Rutschhängen

Der Alpen-Klee ist aufgrund seiner tiefen Verwurzelung zur Sanierung und Stabilisierung von Erosionshängen wie auf Skipisten hervorragend geeignet. Der Versuch, Samen und Pflanzen im größeren Umfang in Kulturversuchen zu gewinnen, ist meistens fehlgeschlagen, da der Alpen-Klee sich gegen eine Anpflanzung in tieferen Tallagen «wehrt». Dagegen zeigten sich Versuche zur Anzucht von Keimlingen und Ausbringen in Pflanzgärten in höheren Bergregionen Erfolg versprechend. Diese Methode ist zwar aufwendig und kostspielig, aber die Notwendigkeit, geeignetes Pflanzmaterial aus den natürlichen Standorten zu einer erfolgreichen und nachhaltigen Erosionsbekämpfung zu bringen, rechtfertigt diesen Aufwand.

Lebensfeindliche Standorte erfordern geeignete Strategien

Kleepflanzen leben, wie die meisten Schmetterlingsblütler, zur Verbesserung ihrer Lebenssituation mit Knöllchenbakterien in einer engen Symbiose. Diese Bakterien, die in den Wurzeln der Kleepflanze leben, haben die Fähigkeit, den elementaren Stickstoff der Luft zu fixieren, in pflanzenverfügbare Stickstoffverbindungen umzuwandeln und der Wirtspflanze nutzbar zu machen. Auch der Alpen-Klee bedient sich der Möglichkeit, ein «Zubrot» in den kargen Böden der Alpen-Hochlagen zu verdienen. Eine Symbiose mit den Knöllchenbakterien gehört also zu seiner Überlebensstrategie. Weder die Kleepflanze noch die Knöllchenbakterien für sich allein sind in der Lage, den Luftstickstoff zu fixieren und organische Stickstoffverbindungen aufzubauen.

Auch der Alpen-Klee nutzt die Gelegenheit, ein Zusammenleben (Symbiose) mit Bakterien zu knüpfen, die ihm pflanzenverfügbare Stickstoffverbindungen aus komplexen, biochemischen Abläufen liefern.

Zusammenleben für eine erfolgreiche Existenz

Erst in einer engen Symbiose sind diese sehr komplexen, biochemischen Abläufe möglich. Die Pflanzenwurzel gibt organische Stoffe ab, wodurch die aktiv beweglichen Bakterien angelockt werden. Diese dringen über die Wurzelhaare in die Pflanze ein. In mehreren Interaktionen zwischen der Pflanze und den Bakterien bildet die Pflanze Wurzelverdickungen (Wurzelknöllchen), in denen sich die Bakterien einnisten. Der Anstoß zur Bildung der Wurzelknöllchen durch vermehrte Zellulosebildung und Zellteilungen in der Pflanze ist in den Genen der Bakterien verankert. Auch die Gene für die Bildung der Enzyme, die für die Fixierung des elementaren Luftstickstoffs nötig sind, befinden sich in den Erbanlagen der Bakterien. Die Enzyme sind allerdings gegenüber Sauerstoff sehr empfindlich und werden dadurch inaktiviert. Andererseits sind die Knöllchenbakterien ohne Sauerstoff nicht lebensfähig. Um diese fast unlösbaren Schwierigkeiten zu überwinden, stellt die Pflanze ein eisenhaltiges Protein her, das den überschüssigen Sauerstoff bindet. Dadurch wird die Sauerstoffkonzentration in den Wurzelknöllchen für eine erfolgreiche Stickstoffverarbeitung genau ausbalanciert.

Die Knöllchenbakterien liefern als erstes Produkt Ammoniak, das sofort von der Pflanze in Eiweiße umgewandelt wird. Im Gegenzug stellt der Klee den Knöllchenbakterien, die in ihrer Ernährung von der Pflanze abhängig sind, organische Kohlenstoffverbindungen zur Verfügung. Schmetterlingsblütler, wie auch unser Alpen-Klee, haben auf stickstoffarmen Böden einen klaren Selektionsvorteil.

Der Alpen-Klee hat von allen Kleearten die größten und auffälligsten Blüten. Nur langrüsselige Hummeln und Schmetterlinge können den Nektar genießen.

Zwerg-Alpenrose

{Rhodothamnus chamaecistus}

Familie Heidekrautgewächse (Ericaceae)

Porträt

Die Zwerg-Alpenrose ist ein 20–40 cm hoher, zierlicher Zwergstrauch mit lederigen, verkehrt eiförmigen bis lanzettlichen, spitzen, immergrünen, fein bewimperten Blättern. Die Blüten sitzen meist zu zweit an langen, dicht drüsenhaarigen Stielen. Die radförmig ausgebreitete, hellrosa bis blassviolette Krone ist fast bis zum Grund in fünf Abschnitte geteilt. Die spitzen, außen dicht drüsenhaarigen Kelchzipfel sind nur halb so lang wie die Kronblätter. Die etwa 2 bis 2,5 cm breite Blüte hat zehn Staubblätter mit dunkelpurpurnen Staubbeuteln, die sich mit zwei Löchern öffnen. Die Blütenknospen werden wie bei den Alpenrosen bereits im Herbst angelegt und sind von zwei braunen Schuppen umhüllt. Die Frucht ist eine kugelige Kapsel an einem elastischen Stiel. Die leichten, sehr flugfähigen Samen werden bei Reife ausgeschleudert.

Vorkommen und Verbreitung

Anzutreffen ist die Zwerg-Alpenrose in sonnigen Zwergstrauchheiden mit der Bewimperten Alpenrose, im Latschengebüsch, an schuttreichen Halden und in Kalkfelsspalten. Die Art kommt nur auf Kalk- und Dolomitgestein sowie auf kalkreichen Böden zwischen 1000 und 2400 m vor. Verbreitet ist sie in den nördlichen und südlichen Kalkstöcken der Ostalpen.

Ein kleiner Exkurs zur komplexen Natur der Symbiose

Die Heidekrautgewächse, somit auch die Zwerg-Alpenrose, sind Paradebeispiele für das Zusammenleben zweier oder mehrerer Partner zum gegenseitigen Nutzen. Eine Symbiose mit Pflanzen und Pilzen, bei der ein Pilz mit dem Feinwurzelsystem der Pflanze (meist Höhere Pflanzen oder Samenpflanzen) in Kontakt ist, nennt man Mykorrhiza (griechisch «mýkes» oder «mýko» = Pilz, «rhíza» = Wurzel).

Beim Parasitismus gibt es einen Angreifer und eine auszubeutende Art. Beide müssen immer wieder ihre Strategien ändern, um zum Zuge zu kommen oder sich des Angreifers zu erwehren.

Ein symbiontisches Zusammenleben der verschiedenen Arten hingegen schafft eine gegenseitige Abhängigkeit und die Entwicklung ergänzender Fähigkeiten der Symbiosepartner.

Die Zwerg-Alpenrose, die Bewimperte und Rostblättrige Alpenrose, aber auch die meisten Bäume und ein Großteil der übrigen Samenpflanzen leben mit zahlreichen Pilzen aus unterschiedlichen Familien in einem engen Kontakt, in dem das dichte Geflecht der Pilzfäden, auch Myzel genannt, die feinen Wurzeln der Samenpflanzen umgibt oder in deren Rindenzellen eindringt, ohne die Pflanze zu schädigen. Der Pilz liefert, vereinfacht ausgedrückt, der Pflanze Mineralstoffe wie Phosphat und wird im Gegenzug von ihr mit Zucker belohnt. Dem Zustandekommen dieser innigen Verbindung geht ein äußerst komplexes Zusammenspiel voraus, das hier nur sehr vereinfacht dargestellt werden kann.

Erste Annäherung der Symbiosepartner

Bevor der Mykorrhizapilz und die Pflanze in einen engen Kontakt treten, um eine Gemeinschaft oder Symbiose zu bilden, findet ein Vorspiel der Kontaktaufnahme auf chemischer oder molekularer Basis statt. Die Bildung von Enzymen und anderen chemischen Stoffen in der Pflanzenwurzel erwirkt die Anlockung von geeigneten Pilzpartnern. Der Pilzpartner gibt ebenfalls Botenstoffe (Signalmoleküle) ab, die ihn als geeigneten Partner für die Pflanzenwurzel zu

Caspari 2018

Die Zwerg-Alpenrose, ein zierlicher Zwergstrauch, lebt wie auch die beiden anderen Alpenrosenarten mit verschiedenen Pilzen in Symbiose. Diese innige Verbindung kommt erst in einem äußerst komplexen Zusammenspiel zustande.

erkennen geben. Darüber hinaus verbreitet der Pilz weitere Signalmoleküle, die die Pflanze veranlassen, nicht die Abwehrstoffe gegen den Pilz zu produzieren, die sie ansonsten bei Befall durch parasitische Pilze erzeugt.

Mykorrhiza oder Symbiose mit Pilzen – eine uralte Erfindung der Natur

Der Erwerb der Fähigkeit zu einer Symbiose mit Pilzen liegt weit zurück. An fossilen Lebermoosen stellte man fest, dass diese bereits vor etwa 450 Millionen Jahren eine Symbiose mit Pilzen eingegangen sind. Durch die Abgabe von Säuren durch den Pilz wurde eine erste Bodenentwicklung in Gang gesetzt.

Die damalige Verbreitung der Lebermoose und auch der Cyanobakterien (Blaualgen) führte zu einer Abnahme des Kohlenstoffdioxids und einer Zunahme des Sauerstoffs in der Luft. Durch sie wurde nach und nach die heutige Sauerstoffkonzentration erreicht.

Im Laufe der weiteren Evolution entwickelten sich neue Pilzgruppen, die zur Symbiose fähig waren.

Vor etwa 150 bis 200 Millionen Jahren traten die Kieferngewächse und die frühen Blütenpflanzen auf den Plan, mit denen unter anderem die Ständerpilze (Basidiomyceten), zu denen unsere Speise- und auch Giftpilze gehören, wohl erstmals eine Mykorrhizabildung eingingen.

Die Blütenpracht der Zwerg-Alpenrose erfreut jeden Bergsteiger.

Zusammenspiel der Stoffproduktion und des Nährstoffaustausches

Der Pilz bildet erst einmal aus zahlreichen Pilzfäden oder Hyphen ein üppiges Pilzgeflecht oder Myzel, das die feinen Wurzeln der Pflanze ummantelt. Dadurch wird ein größerer Bodenraum zur Nährstoff- und Mineralstoffversorgung für die Pflanze erschlossen. Eine besonders wichtige Aufgabe des Pilzpartners ist die Versorgung der Pflanze mit Phosphat, das für viele physiologische Vorgänge in der Pflanze unentbehrlich ist. Bei Phosphatmangel gibt die Pflanze sogar vermehrt Botenstoffe ab, um geeignete Pilzpartner anzulocken. Das Phosphat und auch andere Mineralstoffe sind meist im Boden gebunden und für die Pflanze nicht verfügbar. Sie werden durch Säuren, die der Pilz abgibt, erst aufgeschlossen und können dann von der Pflanze aufgenommen werden. Die Pflanze ist also auf die Hilfe des Pilzes angewiesen. Im Gegenzug «versüßt» die Pflanze dem Pilz das Leben mit reichlich Zucker. Der Pilz kann allerdings nur Glukose verwerten. Die Pflanze erzeugt aber bei der Fotosynthese hauptsächlich Saccharose (unser Rohrzucker), stellt jedoch einen chemischen Stoff, die Invertase, zur Verfügung, die die Saccharose in Glukose und Fruktose spaltet und somit für den Pilz verwertbar macht. Diese rohrzuckerspaltende Invertase ist in der Wurzel der Mykorrhizapflanze in einer zwei- bis dreimal höheren Dosis angereichert als bei Pflanzenwurzeln, die frei von Pilzsymbionten sind.

Andere symbiontische Pilze sind in der Lage, Humus und organische Stoffe abzubauen und Stickstoff für die Pflanze zu liefern. Insgesamt wird die Effektivität des Nährstoffaustausches durch mehrere symbiontische Pilzpartner gesteigert, die gleichsam in Wettbewerb treten.

Des Weiteren trägt der Pilz wesentlich zur Wasserversorgung der Pflanze bei. Im Gegensatz zu den Haarwurzeln der Pflanze sind die Pilzhyphen mit 2–4 Mikrometern (2–4 Tausendstel Millimeter) Durchmesser wesentlich dünner. Somit können durch den Pilz die Wasservorräte in den kleinsten Bodenporen erschlossen und der Pflanze zugeführt werden. Zahlreiche Versuche haben ergeben, dass Pflanzen, die in Symbiose mit Pilzen leben, bei Trockenheit weit weniger unter Trockenstress leiden.

8

VEGETATIVE VERMEHRUNG

Eine ungeschlechtliche Vermehrung durch Brutknospen oder Bulbillen kommt bei Blütenpflanzen vor allem bei Arten in den nördlichen Breiten und in den Hochlagen der Gebirge vor. Bei der geschlechtlichen Vermehrung verschmelzen Fortpflanzungszellen meist verschiedener Individuen (Befruchtung). Dadurch kommt es zu einem Genaustausch und zu einer neuen Genkombination. Bei der ungeschlechtlichen Vermehrung durch Brutknospen entsteht eine neue Pflanze ausschließlich aus sich teilenden Zellen der Mutterpflanze. Das Erbmaterial der Nachkommen ist weitgehend identisch. Eine Neuentstehung einer möglichen vorteilhaften Genkombinationen ist damit ausgeschlossen. Somit ist auch eine Anpassung bei veränderten Umweltbedingungen eingeschränkt.

Gräser vermehren sich überwiegend auch ungeschlechtlich durch Wurzelausläufer und Kriechsprosse. Weidende Schafe im Hochgebirge bedrohen nicht ihre Existenz.

Zahlreiche Jungpflanzen am Stammgrund einer Fichte. Als Ersatz für eine ausbleibende Samenbildung bewurzeln sich bei der Fichte an Gebirgsstandorten die tief auf dem Boden liegenden Äste und bilden neue Jungpflanzen aus.

Arten

- Alpen-Rispengras *(Poa alpina)*
- Knöllchen-Knöterich (*Polygonum viviparum,* Syn. *Bistorta vivipara*)

Strategien

- Strategien bei teilweisem Verlust der geschlechtlichen Vermehrung: Vermehrung durch Brutknospen (Bulbillen).

Alpen-Rispengras

{*Poa alpina*}

Familie Süssgräser (Poaceae)

Porträt

Das Alpen-Rispengras ist ein äußerst variables Gras. In höheren Lagen tritt es als Zwergform auf und erreicht nur eine Wuchshöhe von etwa 5 cm. Auf tiefgründigen, nährstoffreichen Alm- oder Alpflächen wird es bis zu 50 cm hoch. Der Stängelgrund ist durch viele, dicht übereinanderliegende Blattscheiden zwiebelartig oder zylindrisch verdickt. Die Blätter sind grün bis blaugrün, flach und 2–5 mm breit. Der Blütenstand ist eine pyramidenförmige, etwa 7 cm lange Rispe. Während der Blütezeit sind die Rispenäste, die die kleinen Ährchen mit je fünf bis zehn unscheinbaren Blüten tragen, weit abstehend. Die 8–10 mm langen, eiförmigen bis länglichen, zusammengedrückten Ährchen sind gelbgrün und meist rotviolett überlaufen.

Vorkommen und Verbreitung

Das Alpen-Rispengras ist eine Pflanze mit großer Standortamplitude. Sie ist auf Fettweiden und Alpenmatten weit verbreitet, als düngerliebende Pflanze wird sie durch die Alm- oder Alpwirtschaft gefördert. Sie ist aber auch auf Geröllhalden, im Bachgeröll und an den Wegrändern anzutreffen. Die Höhenverbreitung in den Alpen liegt zwischen 1400 und 2600 m, sie steigt aber auch gelegentlich bis auf 3600 m hinauf. Die Blütezeit erstreckt sich von Mai bis September.

Das Alpen-Rispengras ist eine amphiarktisch-alpine Pflanze. Das heißt, die Art kommt in den meisten Gebirgen Europas vor, wie Alpen, Pyrenäen, Jura, Vogesen, Schwarzwald, Sudeten, Karpaten und Apennin. Sie ist auch im Kaukasus und im Altai, auf Grönland, in Sibirien und Nordamerika verbreitet.

Caspari 2018

Das Foto zeigt das Alpen-Rispengras mit normaler Blütenbildung. Die Pflanze kann sich durch Samenbildung, aber auch durch Brutknospen verbreiten.

Vermehrung auf zweierlei Art

Die Abbildung zeigt die «lebendgebärende» Varietät der Pflanze. Anstatt Samen zu erzeugen, werden die Ährchen des Blütenstandes umgepolt, sodass sich grüne Brutknospen bilden. Dabei verlängert sich die Deckspelze blattartig. Bei der Reife fallen die Brutknospen ab und schlagen am Boden Wurzeln. Eine Tochterpflanze ist ohne Umwege über Befruchtung und Samenbildung entstanden.

Mitunter biegen sich die Rispenäste unter dem Gewicht der zahlreichen Brutknospen, die zunächst noch an der Mutterpflanze hängen, bis zum Boden; sie treiben Wurzeln und somit entsteht um die Mutterpflanze ein Kranz aus Tochterpflanzen.

Kulturversuche mit Pflanzenmaterial des Alpen-Rispengrases aus der Schweiz und auch aus Grönland haben ergeben, dass die Pflanze in der Lage ist, einen Wechsel zwischen Vermehrung durch Samenbildung und einer Verbreitung durch Brutknospen vorzunehmen. Verlängerung der Tageslängen (Tageslängen über 14 Stunden) und zusätzliche Frosteinwirkung veranlassen die Pflanze, Brutknospen zu erzeugen. Bei kürzer werdenden Tageslängen kehrt das Gras zur Blüten- und Samenbildung zurück. Sicherlich gibt es noch weitere Einflüsse, auch genetischer Art, zu welcher Vermehrungsart die Pflanze sich «entschließt» und wer oder was den Schalter betätigt, der zu dieser oder jener Verhaltensweise führt.

Knöllchen-Knöterich

{*Polygonum viviparum*, Syn. *Bistorta vivipara*}

Familie Knöterichgewächse (Polygonaceae)

Porträt

Der Knöllchen-Knöterich oder auch Lebendgebärender Knöterich (lateinisch «vivus» = lebend und «parere» = gebären) ist ein bescheidenes Pflänzchen der höheren Bergregionen der Alpen. Ein aufrechter, unverzweigter, 10–25 cm hoher Stängel trägt einen 5–9 cm langen, schlanken, ährenartigen Blütenstand mit kleinen, nur wenige Millimeter großen Blüten. Diese sind kurz gestielt, weiß und haben meist einen rosaroten Anflug. In der unteren Hälfte der Ähre sitzen kleine, braune Brutknospen oder Brutknöllchen, auch Bulbillen genannt.

Die grundständigen Laubblätter sind lang gestielt, ihre Blattspreite ist länglich eiförmig, oberseits dunkelgrün, unterseits grau bis bläulich grün und am Rand umgerollt. Am Grund des Blattstieles befindet sich eine langröhrige Blattscheide, gebildet von den verwachsenen Nebenblättern.

Der Knöllchen-Knöterich besitzt einen dicken Wurzelstock, der dicht mit kleinen Blattschuppen aus Resten der vorjährigen Blätter bedeckt ist. Unterirdische Überwinterungsknospen ruhen geschützt im Wurzelstock.

Vorkommen und Verbreitung

Der Knöllchen-Knöterich ist eine sehr anpassungsfähige Pflanze. Er ist nicht wählerisch hinsichtlich der Bodeneigenschaften und wächst sowohl auf Kalkböden wie auf sauren Standorten. Man findet die Art in feuchten Wiesen und Weiden, in Schneetälchen, in Zwergstrauchheiden und in steinigen Matten in einer Höhe zwischen 1000 m und bis über 3000 m.

Der Knöllchen-Knöterich ist eine amphiarktisch-alpine Pflanze. Im Vorland der Alpen tritt sie gelegentlich noch als ein Eiszeitrelikt auf. Verbreitet ist die Art in den Alpen, Pyrenäen, Karpaten, im Jura, Apennin und Kaukasus, auf der Balkanhalbinsel, in Zentralasien und Nordamerika und im nördlichen und arktischen Eurasien.

Caspari 2019

Vielfältige Strategien

Zur Verbesserung der Lebensbedingungen an seinen kargen Standorten in den Gebirgen und in der Arktis macht sich der Knöllchen-Knöterich die Symbiose mit geeigneten Pilzpartnern zunutze. Diese leben im engen Kontakt mit der Pflanze. Der Pilz ummantelt mit einem dichten Hyphenkomplex die älteren Teile der Pflanzenwurzel. Dort findet ein reger Stoffaustausch zwischen den beiden Symbiosepartnern statt.

In den nördlichen Breiten und in den Hochlagen der Gebirge sind die Sommermonate für manche Arten zu kurz, um reife Samen hervorzubringen. Diesen Pflanzen macht es zu schaffen, eine erfolgreiche Vermehrung und den Fortbestand der Population zu sichern. Deshalb greift der Knöllchen-Knöterich zu einer anderen Vermehrungsstrategie.

Die Pflanze entwickelt zwar Blüten, sie sind zwittrig, rein weiblich oder rein männlich, aber die Pflanze entwickelt nur sehr selten Samen und Früchte, obwohl sie reichlich Nektar produziert und auch von Insekten besucht und bestäubt wird. Die Art ist auf einen anderen Modus der Vermehrung umgestiegen, nämlich die Fortpflanzung durch Brutknospen oder Brutknöllchen. Diese Knospen, die am unteren Teil des Blütenstandes gebildet werden, fallen bei Reife zu Boden und treiben kleine Würzelchen und Blätter. Sie dienen somit der vegetativen Vermehrung. Gelegentlich kann man diesen Keimvorgang der Brutknöllchen bereits am Blütenstand der Pflanze beobachten. Bei den Brutknopsen des Knöllchen-Knöterichs handelt es sich um eine verdickte Sprossachse. Diese speichert Reservestoffe, die der jungen Pflanze als Nahrung dient, bis sie Wurzeln und grüne Blätter entwickelt hat und somit selbstständig lebensfähig ist.

Die zu Boden fallenden Brutknöllchen werden zudem durch den Wind verfrachtet. Auch das Schneehuhn trägt zur Verbreitung der Art bei. Die nährstoffreichen Knöllchen gehören nämlich zur wichtigen Nahrung der Schneehühner, die diese Bulbillen oft im Heißhunger verzehren und dann wieder aus dem Kropf speien.

Der Knöllchen-Knöterich besitzt einen kräftigen Wurzelstock.

Der Knöllchen-Knöterich entwickelt nur selten Samen. Er vermehrt sich meist durch Brutknospen oder Brutknöllchen, die auch als Nahrung für die Schneehühner dienen.

9

SPORENPFLANZEN: BÄRLAPPE UND FARNE

Bärlappe gehören zu den Sporenpflanzen. Charakteristisch ist für diese die Fortpflanzung durch Sporen und einen Generationswechsel. Das heißt, die keimende Spore bildet einen unterirdischen Vorkeim mit den weiblichen und männlichen Geschlechtsorganen. Nach der Befruchtung entwickelt sich eine neue Bärlapp-Pflanze. Der Entwicklungszyklus von der keimenden Spore bis zur grünen Pflanze dauert über 20 Jahre.

Auch bei den Farnen findet ein ähnlicher Generationswechsel mit Bildung eines Vorkeimes statt, der die weiblichen und männlichen Geschlechtszellen enthält. Nach der Befruchtung entwickelt sich daraus eine neue Farnpflanze. Dieser Entwicklungszyklus läuft bei den Farnen in wenigen Monaten ab.

Bärlappe und Farne, ursprünglich meist baumförmig, sind die Vorfahren unserer Blütenpflanzen. Später entstanden unsere heutigen, «modernen» Farne, wie auch der Krause Rollfarn.

Arten

- Alpen-Flachbärlapp (*Diphasiastrum alpinum*, Syn. *Lycopodium alpinum*)
- Krauser Rollfarn *(Cryptogramma crispa)*

Strategien

- Die Bärlappgewächse und die Farne sind entwicklungsgeschichtlich sehr alte Pflanzen, deren heutige Vorfahren viele Millionen Jahre vor den Blütenpflanzen entstanden sind. Ihre Vermehrung aus einer Spore bis zur fertigen Pflanze ist altertümlich. Ihre Überlebensstrategien sind im Vergleich zu den «modernen» Blütenpflanzen noch nicht so ausgeklügelt. Dennoch konnten sich diese Arten bis heute halten.

Alpen-Flachbärlapp

{*Diphasiastrum alpinum*, Syn. *Lycopodium alpinum*}

Familie Bärlappgewächse (Lycopodiaceae)

Porträt

Der Alpen-Flachbärlapp ist ein zierliches, immergrünes Pflänzchen. Es bildet zunächst dunkelgrüne bis bläulich grüne, waagrecht am Boden kriechende Sprosse aus, die in reich verzweigten, aufrechten Trieben enden. Die kleinen, etwa 2–3 mm langen, schuppenförmigen, anliegenden Blätter sind vierzeilig angeordnet. Sie verleihen den vierkantigen Trieben, an deren Ende die zapfenartige, etwa 15 mm lange Sporenähre (Sporophyllstand) sitzt, ein zypressenähnliches Aussehen.

Vorkommen und Verbreitung

Der Alpen-Flachbärlapp besiedelt in den Alpen kalkarme, bodensaure, steinige Matten, Zwergstrauchheiden und schneereiche Feinschuttfluren in einer Höhe zwischen 1300 und 2800 m, meist jedoch über der Waldgrenze.

Der Alpen-Flachbärlapp ist eine arktisch-alpine Pflanze. Seine Verbreitungsgebiete sind die Alpen, Pyrenäen, Mittelgebirge Mitteleuropas, Karpaten, der Apennin, die Gebirge von Kleinasien, Nordeuropa, Island, Nordasien und dem nördlichen Nordamerika.

In den tiefer gelegenen Bergwäldern treffen wir noch andere Bärlapparten an, wie den Keulen-Bärlapp *(Lycopodium clavatum)* oder den Gewöhnlichen Wald-Bärlapp *(Lycopodium annotinum)*. Diese bilden bis 1 m lange, kräftige Triebe mit abstehenden, nadelförmigen Blättern aus.

Vor langer Urzeit

Die Bärlappgewächse können in ihrer Geschichte weit zurückblicken und gehören zu einer sehr alten Pflanzengruppe. Sie stellen die Vorfahren unserer Blütenpflanzen dar. Nach neueren molekulargenetischen Untersuchungen sollen die ersten Blütenpflanzen bereits vor 240 bis 215 Millionen Jahren entstanden sein. Baumförmige Bärlappe gab es bereits vor 370 Millionen Jahren in den damaligen Steinkohlewäldern, die mit anderen Arten, wie Baumfarnen, unsere Steinkohle lieferten. Krautige Bärlapparten, zu denen unser Alpen-Flachbärlapp zählt, kamen später hinzu. Sie haben sich in den letzten 300 Millionen Jahren nur wenig verändert.

Im Gegensatz zu unseren Blütenpflanzen vermehren sich die Bärlappe mithilfe von Sporen – ähnlich wie die Farne, Moose und Pilze. Bis aus einer Spore wieder eine neue grüne Pflanze entsteht, vergehen viele Jahre.

Blitz- oder Hexenpulver

Weil die Bärlappsporen sehr ölhaltig sind, verpuffen sie an einer Flamme mit einem zischenden Geräusch, ähnlich einer Mehlstaubexplosion. Daher rührt auch die Bezeichnung Hexenpulver. Bereits in der Jungsteinzeit wurde dieser Effekt von den Schamanen für ihre Rituale genutzt. Später wurden Bärlappsprosse zur Erzeugung von künstlichen Blitzen auf Theaterbühnen verwendet. Gelegentlich hat man auch Bärlappkraut in Schornsteinen angezündet, die durch die Stichflamme vom Ruß gereinigt wurden. Mitunter ging bei dieser Reinigungsprozedur das Haus in Flammen auf.

Caspari 2018

Noch heute ist das «Sporenmehl» bei Feuerschluckern für pyrotechnische Effekte beliebt. Neben den ätherischen Ölen enthalten die Bärlapparten in geringen Mengen Alkaloide, die Reizwirkungen unterschiedlicher Stärke verursachen; sie sind also giftig und wurden in der Volksmedizin gegen allerlei Beschwerden verwendet. Der Heilerfolg ist allerdings umstritten. Die Alkaloide der Bärlapparten sind den Alkaloiden Curare, die für Pfeilgifte verwendet wurden, ähnlich. Wenn Mäuse oder Frösche an einem Bärlappkraut nagen, so ist das für die kleinen Tiere lebensbedrohlich – ein Vorteil für die Pflanze, die dadurch vor Tierfraß geschützt ist.

Der Keulen-Bärlapp ist in den tiefer gelegenen Bergwäldern ziemlich häufig anzutreffen.

Der Alpen-Flachbärlapp ist an den zapfenartigen Sporenähren, die der Pflanze ein zypressenähnliches Aussehen verleihen, gut zu erkennen.

Erwachsenwerden braucht seine Zeit

Es lohnt sich, den Entwicklungszyklus näher zu betrachten. Etwa einhundert Sporen enthält der ähren- oder zapfenartige Sporenträger (Sporophyllstand). Dieser sitzt als 2–3 cm lange Ähre am Ende der schuppenartig beblätterten, aufrecht stehenden Sprosse der Pflanze. Die Sporen sind winzig klein; sie haben nur einen Durchmesser von 12–20 Tausendstel Millimeter und werden vom Wind verbreitet. Am oder im Boden angelangt, verharrt die Spore etwa sechs bis sieben Jahre in einem Ruhezustand und zehrt von den mitgebrachten Reservestoffen, besonders den etwa 50 Prozent Ölen, die sie enthält. Erst wenn sie einen geeigneten Pilz gefunden hat, der die weitere Ernährung übernimmt, entsteht im Boden ein etwa 2 cm großes, weißliches Knöllchen, genannt Vorkeim (Prothallium). Weitere 12–15 Jahre vergehen, bis das kleine Pflänzchen geschlechtsreif wird und männliche Spermien (Antheridien oder Spermatozoiden) bildet, die den Pollen der Blütenpflanzen entsprechen, sowie weibliche Eizellen (Archegonien) entwickelt. Nach der Befruchtung durch die beweglichen, zweigeiseligen Spermien entsteht der Embryo, der nach weiteren Jahren zu einer neuen Bärlapppflanze heranwächst.

Es ist zwar ein langwieriger Zyklus – von der Spore über einen winzigen, chlorophylllosen Vorkeim im Boden bis zu einer neuen krautigen, grünen Pflanze – aber dennoch hat sich auch diese Methode der Fortpflanzung und Arterhaltung über viele Millionen Jahre bewährt.

Es ist verständlich, dass alle Bärlapparten gesetzlich geschützt sind, deren Lebensweise und Entwicklungsstadien nur in groben Zügen erfasst sind. Heute wird Bärlapp zur Gewinnung des Sporenpulvers im großtechnischen Stil vorwiegend in China und Nepal angebaut.

Der Alpen-Flachbärlapp vermehrt sich, wie alle Bärlappgewächse, mittels Sporen, die in den zapfenartigen Sporenständen am Ende der Sprosse sitzen. Viele Jahre vergehen, bis aus einer Spore ein neues, grünes Pflänzchen entsteht.

Krauser Rollfarn

{Cryptogramma crispa}

Familie Saumfarngewächse (Pteridaceae)

Porträt

Der Krause Rollfarn ist eine zierliche, sommergrüne (nicht immergrüne) Pflanze mit lang gestielten, mehrfach gefiederten, etwa 20–30 cm langen, zwei- bis vierfach gefiederten Blättern oder Wedeln. Er bildet zweierlei Blatttypen aus: Einmal die sterilen Laubblätter, die für die Fotosynthese und somit die Ernährung der Pflanze zuständig sind. Zum anderen gibt es die fertilen Blätter, die unter dem eingerollten Rand der schmalen Fiederblättchen die Sporenhaufen (Sori) tragen. Darin befinden sich die Sporenkapseln mit den 0,05 mm großen Sporen. Zur Reife reißen die Sporenkapseln auf und die Sporen werden ausgeschleudert.

Vorkommen und Verbreitung

Der Krause Rollfarn bevorzugt grobe Blockhalden aus Granit und saurem Silikatgestein; er siedelt sich in den Klüften und Felsspalten an. In den Alpen kommt die zierliche Pflanze in einer Höhe zwischen 2000 und 2800 m Höhe vor. In steilen, feuchten Schluchten steigt er auch tiefer hinab.

Verbreitungsgebiete des Krausen Rollfarns sind: Alpen, Pyrenäen, Auvergne, Hochvogesen, Schwarzwald, Bayerischer Wald, Apennin, Kaukasus, Skandinavien und nördliches Russland.

Die Eroberung des Festlandes

Vor etwa 420 Millionen Jahren begannen krautige und baumförmige Pflanzen das Land zu erobern. Gabelästige Urfarne, die noch keine richtigen Blätter entwickelt hatten, gehörten zu den Pionieren. Zur Ausgestaltung von Blättern und den uns geläufigen Farnwedeln kam es erst rund 70 Millionen Jahre später. Damals, vor 350 Millionen Jahren, prägten baumförmige, bis zu 40 m hohe Farne und Bärlappe sowie riesige Schachtelhalme das Bild der Sumpfwälder, aus denen die heutigen Kohlenflöze entstanden. Die Arten dieser Urfarne sind alle längstens ausgestorben. Nur fossile oder versteinerte Reste lassen uns die damalige Zusammensetzung dieser Urwälder erahnen.

Die Arten der heutigen «modernen» Farne erschienen vor etwa 150 Millionen Jahren und kamen erst vor rund 80 Millionen Jahren zu ihrer üppigen Entfaltung. Auch die heutigen Baumfarne der Gattung *Cyathea* oder *Dicksonia* in den Tropen und Subtropen sind «moderne» Farnpflanzen und keine direkten Nachfolger der baumförmigen Urfarne aus der Zeit vor 350–300 Millionen Jahren.

Die Erde – ein unruhiger Planet

Mindestens 15 große Aussterbe-Ereignisse kennt man heute, deren Gründe nur ungenügend geklärt sind. Als Ursachen kommen in Frage: Vulkanausbrüche oder Meteoriteneinschläge und durch sie verursachte drastische Klimaverschlechterungen, dann die Auswirkungen der Kontinentalverschiebungen, verursacht durch die ständig aktive – wenn auch nur in geologischen Zeiträumen – Plattentektonik.

Bei diesen Katastrophenereignissen verschwand ein Großteil der Tier- und Pflanzenarten. Überlebende Arten passten sich an die neuen Umweltbedingungen an und entwickelten sich weiter. Es entstanden neue Arten.

Lebenszyklus – Erwachsenwerden geht auch schneller

Der Krause Rollfarn gehört wie alle anderen Farne zu den Sporenpflanzen. Ähnlich wie bei den Bärlapparten

Caspari 2018

beginnt der Lebensweg mit einer Spore. Sie wird von der Mutterpflanze ausgestreut, vom Wind fortgetragen und, wenn die Spore Glück hat, gelangt sie auf feuchten, humosen Boden. Dort keimt sie sehr rasch und bildet einen Vorkeim (Prothallium), der die Geschlechtsorgane, nämlich die männlichen Antheridien mit den Spermien und die weiblichen Archegonien mit den Eizellen, trägt. Die vielgeiseligen Spermien schwimmen auf einem Wasserfilm oder Wassertropfen zu den Eizellen. Nach der Befruchtung entwickelt sich der Embryo, der rasch zu einer jungen Farnpflanze auswächst. Während die Bärlapparten für ihren Werdegang von der Spore bis zur jungen Bärlapppflanze über 20 Jahre benötigen, schaffen es die Farne in nur wenigen Monaten. Diese Errungenschaft brachte den Farnen für ihre weiteren Ausbreitungsstrategien viele Vorteile.

Der Krause Rollfarn gehört ebenfalls zu den Sporenpflanzen. Er besiedelt grobe Blockhalden aus saurem Urgestein. Im Gegensatz zu den Bärlapparten benötigen seine Sporen für ihre Entwicklung zu fertigen Farnpflanzen nur wenige Monate.

Geschickte Standortwahl

Die Mehrzahl der Farne sind Bewohner feuchter, schattiger Wälder. Brauchen doch die Spermien der männlichen Geschlechtsorgane eine «Wasserstraße», damit sie schwimmend zur Befruchtung der Eizelle gelangen können. Der Krause Rollfarn zwängt sich zwischen die Fugen und Spalten von Granitblöcken – ein unwirtlicher Standort. Aber so lebensfeindlich ist diese Ortswahl gar nicht. Zwischen den Gesteinsfugen sammeln sich im Laufe der Zeit Feinerde und Humus, Schneereste bis in die Sommermonate hinein schaffen einen Wasservorrat. Die großen Blöcke bieten den zarten Pflanzen Schutz vor austrocknenden Winden. Die Eroberung einer Ökonische ist geglückt. Hat sich der Farn mal an einer Stelle niedergelassen und treibt ein dichtes Geflecht aus Wurzeln und Rhizomen, so hat eine andere Pflanze kaum noch Chancen, sich dort ebenfalls auszubreiten. Entscheidend ist, wer zuerst kommt. Die Farne entwickeln eine riesige Zahl von Sporen. Da genügt es, wenn nur ein Bruchteil von ihnen auf günstigen Boden fällt und sich zu neuen Pflanzen entwickelt. Die Erhaltung und weitere Verbreitung der Art ist damit gewährleistet.

Der Krause Rollfarn bildet zweierlei Blatttypen aus. Die sterilen Wedel mit breiteren Fiedern (siehe Seite 205) sorgen für die Ernährung der Pflanze. Die fertilen Wedel mit schmaleren, sporentragenden Fiederblättchen (Abbildung links) dienen der Vermehrung.

10

VOM MENSCHEN GENUTZTE ALPENPFLANZEN

Über der heutigen Waldgrenze dehnen sich breite Alpenmatten, von den Menschen bis heute als hoch gelegene Viehweiden genutzt. Einzelne Pflanzenarten wurden zudem als Heil- und Genusspflanzen verwendet.

Einige Arten der Alpenflora genossen seit alters her bei der Bevölkerung in der Volksheilkunde ein großes Ansehen, oft verbunden mit mystischen Vorstellungen. Ein breiter Bogen spannt sich von der Verwendung als Hexendroge bis zur Medizinalpflanze. Als Heil- und Kosmetikpflanze finden viele Arten in der pharmazeutischen Industrie großes Interesse. Nicht zu vergessen ist die Bedeutung der Enziane und anderer würziger Kräuter für die Schnaps- und Likörherstellung.

Die sanften Hügelketten der Alpen werden seit vielen Jahrhunderten als Weideflächen für Rinder, Pferde und Schafe genutzt. Durch Rodungen und Schwenden entstanden große baumfreie Flächen. Dort haben sich auch Pflanzenarten breitgemacht, die als Heil- und Genusspflanzen verwendet werden.

Arten

- Gelber Enzian *(Gentiana lutea)*
- Ungarischer Enzian *(Gentiana pannonica)*
- Echter Speik oder Keltischer Baldrian *(Valeriana celtica)*
- Zwerg-Seifenkraut *(Saponaria pumila)*
- Edelweiß *(Leontopodium alpinum)*

Strategien

- Diese Arten haben, wie auch die übrigen Pflanzen, vielfältige Überlebensstrategien entwickelt, um sich in ihren Lebensräumen behaupten zu können. Gegen den Menschen jedoch sind sie machtlos. Vielfach sind daher heute menschengemachte Strategien nötig, um das Überleben der Arten möglich zu machen.

Gelber Enzian

{*Gentiana lutea*}

Familie Enziangewächse (Gentianaceae)

Porträt

Der Gelbe Enzian ist eine aufrechte, 50–140 cm hohe, ausdauernde Pflanze mit einer armdicken, rübenförmigen Pfahlwurzel und einem stockwerkartigen Blütenstand. Drei bis zehn goldgelbe Blüten sitzen in den Achseln der oberen, schalenförmigen Trag- oder Hochblätter. Die Blütenkrone ist fast bis zum Grund in fünf bis sechs (gelegentlich bis zu neun) schmale, etwa 2 cm lange Abschnitte zerteilt, die sich zuletzt sternförmig ausbreiten. Dadurch ist der Nektar am Grund der Blüte für alle Insekten frei zugänglich.

Die elliptischen, blaugrünen, von starken Bogennerven durchzogenen Blätter werden bis zu 30 cm lang und bis zu 15 cm breit. Sie sind kreuzgegenständig angeordnet, das heißt, an jedem Knoten des Stängels stehen sich zwei Blätter gegenüber. Das nächste darüberstehende Blattpaar ist um 90° gedreht. (Der Gelbe Enzian wird häufig mit dem giftigen Weißen Germer *(Veratrum album)* verwechselt; dieser hat jedoch wechselständige oder spiralig angeordnete Blätter.)

Die spitz-kegelförmige, bis 6 cm lange Frucht enthält bis zu hundert Samen. Diese sind häutig berandet oder geflügelt. Bei einem Gewicht von weniger als 1 mg werden sie sehr leicht vom Wind verbreitet. Eine Pflanze bildet im Jahr etwa hundert Fruchtkapseln aus, das ergibt 10 000 flugfähige Samen.

Vorkommen und Verbreitung

Der Gelbe Enzian tritt oft gesellig auf ungedüngten, steinigen Weiden und Schutthalden, im Latschen- und Grünerlengebüsch zwischen 1000 und 2400 m (oft auch tiefer) auf. Er ist eine süd-mitteleuropäische Gebirgspflanze. Verbreitet ist er in den Alpen und im Alpenvorland, im Jura und Schwarzwald, in den Vogesen und in der Schwäbischen Alb, ferner in den spanischen und französischen Gebirgen, in Korsika, Sardinien und Illyrien, im Apennin und in den Karpaten, auf der Balkanhalbinsel und in Kleinasien.

Die Hauptverbreitung in den Alpen sind die West- und Zentralalpen. In den nördlichen Ostalpen bildet der Inn die Ostgrenze. Dort ist der Gelbe Enzian auf Kalk und Dolomit beschränkt, während er in den westlichen Teilen der Alpen und in den Mittelgebirgen auch auf kalkfreien Böden auftritt. Der Gelbe Enzian gilt nach dem Bau der Blüten als eine alte Art, die im Tertiär aus Asien in die sich gerade heraushebenden Alpen eingewandert ist.

Begehrt und gleichzeitig verwünscht (verteufelt)

Wie alle Enzianarten produziert der Gelbe Enzian, vor allem im Wurzelstock, reichlich Bitterstoffe, nämlich die drei Glykoside Gentiopikrin, Gentiamarin und Gentiin. Die Bitterstoffe dienen dem Enzian als Schutz vor Tierfraß. Andererseits machen die Inhaltsstoffe die Pflanze zu einem gesuchten Favoriten in der Pflanzenheilkunde. Nicht zu vergessen sind auch seine Vorzüge und Beliebtheit für die Schnapsbrennereien, die die Pflanze in manchen Gebieten fast zum Aussterben gebracht hätte, wenn nicht strenge Schutzverordnungen ihre Ausrottung noch verhindert hätten.

Bereits in der Antike wurde die Enzianwurzel zu medizinischen Zwecken vergoren. Die Schriftsteller Dioskorides und Plinius (1. Jahrhundert nach Christus) berichten, dass der König Gentis (Genthius) in seinem Land die Enzianwurzel gegen die Pest empfohlen hat. Offenbar handelte es sich dabei um den Gelben Enzian, der auch

Caspari 2018

auf der Balkanhalbinsel verbreitet ist. Genthius war der letzte König (180 bis 168 vor Christus) der römischen Provinz Illyrien (heutiges Albanien). Nach ihm wurde die Pflanze mit dem Namen *Gentiana* bezeichnet, der später als Gattungsname für die Enzianarten eingeführt wurde. Im 16. Jahrhundert entstanden viele Kräuterbücher mit exakten Pflanzenzeichnungen, in denen auch der Gelbe Enzian und seine Heilwirkungen angepriesen wurden.

Auch heute noch steht der Enzian in der Volksheilkunde hoch im Kurs zur Behandlung von Appetitlosigkeit, Magen- und Verdauungsbeschwerden und anderen Krankheiten. Daher ist der Bedarf an Enzianwurzeln für die pharmazeutische Industrie beträchtlich.

Starke Beliebtheit erwarben sich der Gelbe Enzian und auch die anderen hochwüchsigen Arten, wie der Ungarische Enzian, Purpur-Enzian und Punktierte Enzian, zur Herstellung des Enzianschnapses. Innerhalb der verwendeten Enzianarten bestehen durchaus Geschmacksunterschiede. In der Regel werden jeweils die Arten destilliert, die an Ort und Stelle vorkommen. Die benötigten Mengen an Wurzeln für die Enzianbrennereien sind beträchtlich. Für sechs bis sieben Liter Enzianschnaps benötigt man etwa 100 kg Wurzeln. So wurden beispielsweise 1928 in der Schweiz 340 000 kg Enzianwurzeln destilliert. Gewonnen werden die Wurzeln durch mühsames Ausgraben der wild wachsenden Arten im Gelände. Das Recht des Wurzelgrabens wird meist in Pachtverträgen vergeben. Zwischen den Erntejahren liegt meist eine Ruhezeit von neun bis zehn Jahren, um den Bestand nicht zu gefährden. Inzwischen wird der Enzian auch in Kultur genommen. Nach fünf bis sechs Jahren kann man mit einem Ertrag von etwa 3500 kg/Hektar Wurzelmasse (Frischgewicht) rechnen. Eine größere Likörfabrik verarbeitet etwa 18 000 kg frische Wurzeln pro Jahr.

Der Gelbe Enzian produziert Bitterstoffe, die ihn vor Tierfraß schützen.

Der Gelbe Enzian braucht Zeit

Der Gelbe Enzian entwickelt stattliche, aufrechte Blütenstände, die bis zu 1,5 m erreichen können. Da bedarf es eines mächtigen, bis zu 6 kg schweren Wurzelstockes, der eine Länge von 1 m und eine Dicke von 6 cm erreicht. Damit kann sich die Staude gut im Boden verankern und hält auch starken Stürmen stand. Der massive Wurzelstock wird ihr jedoch zum Verhängnis, weil er für die Produktion von Enzianschnaps sehr ergiebig ist.

Der Gelbe Enzian erzeugt zwar zahlreiche Samen, aber bis aus einem winzigen Samen eine stattliche Pflanze entsteht, vergeht viel Zeit. Keimfähig ist der Same nur im feuchten Zustand. Zudem benötigt er dazu mehrere Wochen Frost. Bis er dann zum ersten Mal zur Blüte kommt, vergehen bis zu zehn Jahre und mehr; manchmal entwickelt er erst nach zwanzig Jahren seine Blüten. (Bei in Kultur gezogenen Pflanzen setzt die Blütenbildung bereits nach fünf bis sechs Jahren ein). Nach jeder Blühphase tritt eine längere Pause von vier bis sechs Jahren ein. Der Gelbe Enzian kann bis zu sechzig Jahre alt werden. Die Pflanze entwickelt reichlich Bitterstoffe. Dadurch ist sie vor Pflanzenfressern geschützt und wird verschont. Der Gelbe Enzian speichert in dem Wurzelstock reichlich Kohlehydrate wie Glukose, Saccharose und Gentianose. Diese Zuckerarten produziert er natürlich nicht für den Menschen zur Schnapserzeugung, sondern sie dienen ihm als Vorratsspeicher zum Überleben.

r Gelbe Enzian twickelt einen äftigen Wurzel- ock, der zur rstellung des zianschnapses rwendet wird. e Pflanze aucht bis zu n Jahre, bis zum ersten l blüht.

Ungarischer Enzian

{*Gentiana pannonica*}

Familie Enziangewächse (Gentianaceae)

Pflanzenporträt

Der Ungarische Enzian ist eine 15–60 cm hohe, aufrechte Staude mit hohlem, unverzweigtem Stängel und einem rübenförmigen, mehrköpfigen Wurzelstock. Er hat, wie alle Enzianarten, gegenständige, eiförmige bis lanzettliche, fünf- bis siebennervige Blätter. Die Blüten sitzen stockwerkartig in den Achseln der oberen Blätter. Sie sind zur Spitze des Stängels hin kopfig gedrängt. Die glockenförmige, 3–5 cm lange Krone ist bis zur Hälfte in fünf bis neun eiförmige Abschnitte zerteilt. Sie ist bläulich purpurn bis weinrot und schwarzrot punktiert, selten weiß, innen gelblich.

Der glockige Kelch besteht aus fünf bis acht ungleich langen, grünen und schwarzpurpurn überlaufenen Zähnen, die nach außen gekrümmt sind (Unterschied zum ähnlichen Purpur-Enzian).

Vorkommen und Verbreitung

Der Ungarische Enzian wächst auf kalkarmen Magerrasen und Weiden, in Borstgrasmatten, Hochstaudenfluren und im lockeren Latschengebüsch bei 1300 bis 2300 m Höhe (gelegentlich auch tiefer).

Der Ungarische-Enzian hat in den Alpen eine disjunkte Verbreitung. Das heißt, er ist auf die Ostalpen beschränkt und kommt im Allgäu, in Vorarlberg und in der Schweiz (Kurfürsten) nur noch vereinzelt vor. Seine Verbreitung in den Alpen schließt sich mit dem westlich verbreiteten Purpur-Enzian fast aus. Außerhalb der Alpen ist der Ungarische Enzian noch im Bayrischen- und Böhmerwald, in Siebenbürgen und in den Karpaten vertreten.

Der Purpur-Enzian ist dem Ungarischen Enzian sehr ähnlich, unterscheidet sich jedoch vor allem durch den zweiteiligen Kelch. Dieser umschließt die Krone scheidenartig und ist auf einer Seite bis zum Grund aufgeschlitzt. Die Krone ist außen rot, innen gelblich getüpfelt und mit grünen Längsstreifen. Die Blüten verströmen einen feinen Honigduft. Die Nektardrüsen sitzen tief am Grund der Krone zwischen den Staubfäden und werden vor allem von Hummeln besucht.

Der Purpur-Enzian ist in den Alpen westlich verbreitet. Vereinzelt kommt er auch in Südnorwegen und auf Kamtschatka vor.

Caspari 2018

Für die Schnapsbrennerei nutzt man nicht nur die Wurzeln des Gelben Enzians, sondern genauso jene des Ungarischen Enzians. Eine wilde Sammeltätigkeit, auch für die pharmazeutische Industrie, hat die Bestände stark gefährdet.

In dichten Matten aus Borstgras kann sich der Ungarische Enzian behaupten. Sowohl das raue, stachelige Borstgras wie der bitter schmeckende Enzian werden vom Weidevieh gemieden.

Drastische Verfolgung

Die Wurzeln der beiden rot blühenden Arten sind bei der Herstellung des Enzianschnapses mindestens so begehrt wie die des Gelben Enzians. Dem Destillat dieser Arten wird sogar ein milderer und blumiger Geschmack zugeschrieben. Sowohl für die Volksmedizin als auch für die pharmazeutische Industrie wurden die Wurzeln beider Arten extensiv gesammelt, was ihnen beinahe zum Verhängnis geworden wäre, wenn nicht strenge Schutzmaßnahmen und geregelte Grabungsrechte eine weitere Dezimierung verhindert hätten. Eine weitere Entwicklung der Kulturversuche kommt nicht nur der Erhaltung der Enziane in der Natur zugute, sondern bedeutet auch eine Einkommenserweiterung für die bäuerliche Bevölkerung. Ähnlich wie der Gelbe Enzian schützen sich auch die rot blühenden Enziane durch Bitterstoffe vor pflanzenfressenden Tieren und Weidevieh.

Echter Speik oder Keltischer Baldrian

{*Valeriana celtica*}

Familie Geissblattgewächse (Caprifoliaceae)

Porträt

Der Echte Speik ist ein kleines, 5–12 cm hohes, eher unscheinbares Pflänzchen mit einem aufrechten, kahlen, gefurchten Stängel mit ein bis zwei Blattpaaren. Die grundständigen, glänzend grünen, ganzrandigen, verkehrt eiförmigen und parallelen Blätter sind 3–12 mm breit und etwa 2–3 cm lang. Die linealischen Stängelblätter sind nur 2–4 mm breit. Bereits Ende Juli und im August werden sie gelblichgrün und gelb.

Der walzenförmige Blütenstand besteht aus zwei bis sechs übereinanderliegenden, quirlartigen Teilblütenständen. Die unscheinbare Blütenkrone ist gelblich weiß und außen oft rötlich überlaufen. Sie ist nur 2–3 mm breit. Die Früchte besitzen acht bis zwölf fein gefiederte, 4–6 mm lange Borsten. Der Speik hat einen schief aufsteigenden, rübenförmigen Wurzelstock, der dicht von hellen Blattscheiden umhüllt ist. Die Blütezeit ist Juli bis August.

Vorkommen und Verbreitung

Den Speik findet man auf tiefgründigen, feuchten Bergmatten, in Krummseggen- und Borstgrasrasen, stets auf kalkarmen und sauren Böden in einer Höhe von 2000 bis über 3000 m. Berghänge, die reich an Pflanzen des Echten Speiks sind, werden als sogenannte Speikböden bezeichnet. In Österreich gibt es mehrere Gipfel, die den Namen Speikkogel tragen.

Mit der Bezeichnung Speik sind eine Reihe weiterer Alpenpflanzen belegt, denen im Volksglauben eine Heil- oder Zauberkraft zugeschrieben wurde (siehe Kapitel «Klebrige Primel», Seite 156).

Der Speik ist eine alte Alpenpflanze, die wohl im Tertiär vor vielen Millionen Jahren die Alpen besiedelt hat. Sie kommt heute in den Alpen in zwei weit auseinanderliegenden, getrennten (disjunkten) Gebieten vor. Einmal ist es die westalpine Rasse (als Subspezies *celtica*) in den Cottischen-, Grajischen- und Penninischen Alpen. Zum anderen tritt die Art in einer ostalpinen Rasse (als Subspezies *norica*) in den südlichen Hohen Tauern bis zur Koralpe und vom Dachstein bis zum Hochschwab auf.

Ein unscheinbares Pflänzchen macht Geschichte

Es ist schon eigenartig, dass ein unscheinbares Pflänzchen seit über 2000 Jahren als begehrte Handelsware und auch als Wunderheilkraut in der Bevölkerung Geschichte gemacht hat. Unter der Bezeichnung keltische Narde oder Spica celtica (lateinisch «spica» = Ähre) war der Speik bereits im Altertum bekannt. Man kannte damals sowohl das Vorkommen in den Westalpen als auch die Wuchsgebiete in den Ostalpen. Der Begriff «keltisch» rührt daher, dass die Kelten in beiden Gebieten des Speiks saßen.

Der Grund für die Berühmtheit der Pflanze liegt in dem Gehalt des Baldrianöls in der Wurzel. Es ist ein ätherisches Öl mit Mischungen aus verschiedenen organischen Säuren wie Isovaleriansäure, Ameisensäure, Buttersäure und anderen Derivaten. Dieses durchdringend aromatisch riechende Öl der Speikwurzel war bereits im Altertum begehrt. Es wurde zur Herstellung von wohlriechenden Parfümen und von Arzneimitteln verwendet. Im 1. christlichen Jahrhundert erwähnte der Arzt Dioskorides aus Kleinasien den Speik unter dem Namen «Nardos keltike». Er schrieb auch, dass es oft Fälschungen mit ähnlichen Arten gebe, die aber wegen des unangenehmen Geruches die Bezeichnung «hirculus» (lateinisch

Caspari 2019

Bei dem Echten Speik wächst der Blütenkelch zur Fruchtzeit zu einem gefiederten Strahlenkranz aus. Er dient als Flugorgan zur Verbreitung des Samens.

Der Speik kommt heute in den Alpen in zwei weit auseinanderliegenden, getrennten Gebieten vor. Einmal in einer westalpinen Sippe als Keltischer Speik, dann in einer ostalpinen Sippe als Norischer Speik im Osten der Ostalpen.

«Böcklein») trügen. Dies dürfte auf eine andere Baldrianart zurückzuführen sein. Gemeint war wohl der Felsen-Baldrian *(Valeriana saxatilis),* der zwar auch kampferartig riecht, aber zusätzlich den unangenehmen, stinkenden Geruch verbreitet, der wohl jedem Bergsteiger im Herbst auffallen dürfte. Jede Baldrianart hat eine unterschiedliche Zusammensetzung ihrer ätherischen Öle und damit recht unterschiedliche Geruchsqualitäten.

Im Mittelalter fand der Speik im Schrifttum wenig Bedeutung, nur insofern, als die alten Berichte des Altertums abgeschrieben wurden. Erst im 16. Jahrhundert begann ein reges Interesse an dieser Baldrianwurzel aufzuflammen. Man griff zurück auf die Beschreibung bei Dioskorides. So schrieb der Botaniker A. Matthioli um 1558, dass der keltische Speik in Kärnten und in der Steiermark vorkomme, also im heutigen Zentrum der ostalpinen Rasse. Er schrieb weiter, dass die Landleute um Judenburg die Speikwurzeln in große Säcke gefüllt an die Kaufleute verkaufen, die dann die Ware bis nach Syrien und Ägypten vertreiben. Judenburg, eine berühmte keltische Niederlassung, war ein Haupthandelsplatz in der Steiermark.

Der Franzose P. Pena und der Holländer M. Lobel berichten um 1576, dass der Speik auf Almböden im genuesischen und ligurischen Gebiet der Westalpen wachse und von den Bauern nach Genua gebracht und dort zu billigen Preisen verkauft werde; gemeint war also die westalpine Rasse. Ein Großteil der Speikwurzeln wurde nach Ägypten und von dort nilaufwärts bis in den Sudan exportiert.

Es herrschte also bis fast in die heutige Zeit ein reger Handel mit der begehrten Alpenpflanze. Von der Gebirgsbevölkerung wurde oder wird der Speik als wohlriechendes Mittel und zum Fernhalten von Motten in die Wäscheschränke gelegt. Auch zum Vertreiben von bösen Geistern galt der Speik als probates Mittel.

Der Speik diente als wohlriechendes Duftmittel nicht nur zur Freude, sondern er wurde in einigen Teilen Österreichs zur Bestrafung von Dieben angewandt. Die Delinquenten mussten durch Verhängung des «Speiksitzens» etliche Stunden in den Speiktrockenböden verharren. Der anhaftende Geruch kennzeichnete diese noch über lange Zeiten als Übeltäter.

Jährlich wurden viele Tonnen an Speikwurzeln ausgegraben und bis in den Sudan vermarktet. Um die Sammeltätigkeit in Grenzen zu halten, musste beispielsweise in der Steiermark ein Speikgraber einen offiziellen Erlaubnisschein beantragen, der nur für ein bestimmtes Territorium galt. Zudem durfte ein Gebiet nur jedes dritte Jahr abgesucht werden. Darüber hinaus wurden auch zusätzliche Ausnahmen gewährt und die Schutzbestimmungen mit Rücksicht auf die Armut der Bevölkerung weitherzig ausgelegt.

Der Echte Speik
zur Fruchtzeit

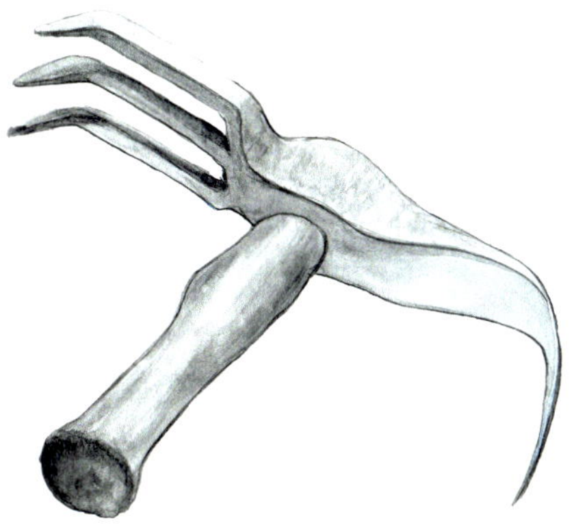

Die rübenförmige Wurzel des Echten Speiks, seit vielen Jahrhunderten eine begehrte Handelsware, wird auch heute noch in der Parfüm- und Arzneimittelindustrie genutzt. Zum Ausgraben der Speikwurzel verwendete man das sogenannte Speikkramperl.

Begehrte Nutzpflanzen brauchen Schonzeiten

Der Speik enthält eine Menge von Inhaltsstoffen wie organische Säuren und starke Duftstoffe, die sicherlich so manche Fressfeinde abhalten. Andererseits ist es schon verwunderlich, dass die Pflanze, obwohl sie so beliebt war, nicht ausgerottet worden ist. Der Grund liegt wohl darin, dass die berufsmäßigen Speiksammler keinen Raubbau betrieben haben und in den Sammelgebieten – ähnlich wie beim Enziangraben – Schonzeiten eingehalten wurden. Zum Ausgraben der Speikwurzeln verwendete man ein eigenes Gerät, das sogenannte Speikkramperl, das die Abbildung links besser veranschaulicht als eine Beschreibung.

Inzwischen ist der Speik in den Bundesländern Österreichs, in denen er vorkommt, gesetzlich geschützt. Das gilt auch für die Schweiz.

Zwerg-Seifenkraut

{*Saponaria pumila*}

Familie Nelkengewächse (Caryophyllaceae)

Porträt

Das Zwerg-Seifenkraut bildet niedrige, nur 2–5 cm hohe, aber mehrere Dezimeter große Polster aus. Die lebhaft rosarote bis purpurrote Blüte mit fünf Kronblättern hat einen Durchmesser von 2–4 cm. Der röhrig-glockige, etwas aufgeblasene Kelch mit einer Länge von 15–20 mm ist abstehend, kurzzottig behaart und meist rotbraun überlaufen. Die linealischen, etwas fleischigen Blätter sind nur 1–2 mm breit und 15–20 mm lang. Die Pflanze ist mit einer starken Wurzel im Boden fest verankert und kann somit heftigen Stürmen in Gratlagen trotzen. Die Blüten werden von langrüsseligen Tagfaltern besucht. Die Pflanze blüht im Juli und August.

Vorkommen und Verbreitung

Das Zwerg-Seifenkraut ist kalkfeindlich und meidet daher Kalk- und Dolomitgestein. Es besiedelt saure Felsstandorte aus Gneis, Granit und sonstige silikatreiche Böden in einer Höhe zwischen 1600 und 2600 m. Charakteristische Pflanzengesellschaften sind Zwergstrauchheiden mit Krummsegge und Alpen-Azalee.

Die südostalpisch-südkarpatische Pflanze kommt in den Alpen nur in der Steiermark, in Kärnten (Gurktaler-Alpen) und Salzburg sowie in Ost- und Südtirol und noch bei Cadore (Provinz Belluno/Italien) vor. Weitere Vorkommen liegen in den östlichen Südkarpaten. In den Alpen überdauerte sie die letzte Eiszeit auf eisfrei gebliebenen Gipfeln.

Heil- und Kosmetikpflanze

Der Gattungsname *Saponaria* leitet sich vom lateinischen Wort «sapo» für Seife ab.

Alle Arten des Seifenkrautes enthalten Saponine, so auch das Zwerg-Seifenkraut. Besonders reich an Saponinen ist das in ganz Europa verbreitete Echte Seifenkraut *(Saponaria officinalis)*. Aufgrund der seifenähnlichen Wirkung der Saponine wurden Auszüge aus Wurzeln und Rhizomen schon seit dem Altertum zum Reinigen und Waschen von Wolle benutzt (in einigen östlichen Ländern auch heute noch). Auch als homöopathisches Arzneimittel werden seit jeher getrocknete Pflanzenteile (besonders Wurzeln) verwendet.

Caspari 2017

Das Zwerg-Seifenkraut entwickelt große Polster mit prächtigen, purpurfarbenen Blüten.

Das Zwerg-Seifenkraut wird in der Kosmetikindustrie genutzt. Um die Bestände in der freien Natur nicht zu gefährden, werden die Pflanzenzellen, die den Wirkstoff liefern, in Großkulturen gezüchtet.

Artenschutz als Schutz der Ressourcen der Natur

Neuerdings verspricht das Zwerg-Seifenkraut auch Eingang in die Kosmetikindustrie zu finden. Die Pflanze hat aufgrund der hohen UV-Strahlung in diesen Hochlagen als Überlebenstrategie einen Schutz- und Reparaturmechanismus entwickelt, um sich diesen extremen Umweltbedingungen anzupassen. Diese genetisch verankerte Fähigkeit des Zwerg-Seifenkrautes, einen Wirkstoff zu produzieren, der offenbar die menschlichen Hautzellen vor UV-induziertem Stress schützen kann und die mechanischen Eigenschaften der Haut verbessert, findet in der Kosmetikindustrie Anwendung. Die Arme von Probanden mit sonnengeschädigter Haut wurden mit einer Salbe behandelt, die mit dem Zellextrakt und somit mit dem Wirkstoff des Zwerg-Seifenkrautes angereichert war. Nach vier Wochen zeigte sich eine Verbesserung der Hautstruktur. Um den Bestand des Zwerg-Seifenkrautes in der freien Natur durch die industrielle Nutzung nicht zu gefährden, werden die Pflanzenzellen, die den Wirkstoff liefern, in Großkulturen gezüchtet.

Dieses Beispiel einer medizinisch-kosmetischen Nutzanwendung einer Pflanzenart mit geringer Verbreitung, die auch in einigen Bundesländern geschützt ist, zeigt die Wichtigkeit des Artenschutzes, um die zahlreichen, oft noch nicht erforschten Ressourcen der Natur auszuschöpfen.

Edelweiss

{*Leontopodium alpinum*}

Familie Korbblütler (Asteraceae)

Der botanische Name für unser Edelweiß ist *Leontopodium alpinum* und leitet sich vom lateinischen Wort «leo» (= Löwe) und «podion» (= Füßchen) ab. Die sternförmigen, weißen Hochblätter kann man mit etwas Fantasie als Löwenfüßchen deuten. In alten botanischen Werken wird die Edelweißpflanze als Löwenfuß oder Löwentatze aufgeführt.

Das Edelweiß genießt im Alpenraum seit Jahrhunderten als Symbol- und Heilpflanze einen hohen Stellenwert. Bereits 1585 wird es von dem italienischen Botaniker und Arzt Castorius Durante als Heil- und Liebesamulett erwähnt. Schon immer haftete der begehrenswerten Pflanze ein Hauch von Mystik und Zauberei an, sie galt als Symbol für Mut, Tapferkeit und Liebe, aber auch als Sinnbild einer heilen, intakten Alpenwelt. Kein Wunder, dass die Pflanze nicht nur Nationalblume der meisten Alpenländer wurde, sondern auch die Logos vieler Alpenvereine ziert und als Markenzeichen von Produkten aller Arten herhalten muss. Als begehrte Trophäe der Bergsteiger und Touristen sowie marktorientierter Händler geriet das Edelweiß in den letzten 150 Jahren immer mehr in Bedrängnis.

Porträt

Das Edelweiß ist eine ausdauernde, filzig behaarte Pflanze mit 5–20 cm hohen, aufrechten Stängeln und zungenförmigen, lanzettlichen, stark filzig behaarten Blättern.

Auffallend ist der sternförmige Blütenstand; er besteht aus fünf bis zehn halbkugeligen, etwa 5–6 mm breiten, gelblichen Blütenköpfchen, umgeben von 5–15 weißfilzigen Hochblättern. Der etwa 5–7 cm breite Blütenstern ist also eine Scheinblüte. Die eigentlichen Blüten sind winzige Röhrenblüten; sechzig bis achtzig von ihnen sitzen dicht gedrängt in den Blütenköpfchen. Am Rand der Köpfchen befinden sich die weiblichen, fast fadenförmigen Blüten, zur Mitte hin die männlichen Blüten, die oft noch einen verkümmerten Griffel besitzen. Winzige Früchtchen mit einem Haarkranz werden vom Wind als Schirmchenflieger verbreitet oder haften sich bei Nässe an Tieren an.

Bestäubt wird das Edelweiß von Fliegen, Schmetterlingen und Käfern.

Vorkommen und Verbreitung

Das Edelweiß wächst auf kalkhaltigen, steinigen Grasbändern und in Felsbändern in Höhenlagen zwischen 1700 und 3000 m. Heute ist das Edelweiß hauptsächlich auf steile, unzugängliche, zerklüftete Felsbereiche zurückgedrängt. Noch vor 100–150 Jahren gab es im Alpenraum reichblütige Edelweißwiesen. Im russischen Alteigebirge existieren noch heute ähnliche Edelweißwiesen, bestehend aus dem Blassgelben Edelweiß *(Leontopodium ochroleucum),* einer nah verwandten Art des Alpen-Edelweißes.

Heute ist das Edelweiß in den Pyrenäen, Alpen, Karpaten, im Jura, im nördlichen Balkan und im nördlichen Apennin verbreitet. Im Kaukasus dagegen fehlt die Art. Etwa weitere 35 verwandte Arten der Gattung *Leontopodium* finden wir in den zentralasiatischen und ostasiatischen Hochsteppen sowie im nördlichen Himalaya.

Das Alpensymbol aus Asien

Keine andere Pflanze gilt als so typische Alpenpflanze – und hat ihren Ursprung in weiter Ferne. Das Edelweiß ist wohl während früherer Zwischeneiszeiten oder nach der letzten Eiszeit aus den Hochsteppen Zentralasiens in die Alpen «eingewandert». Das ursprüngliche Verbreitungsgebiet der Gattung *Leontopodium* (Edelweiß) liegt im Himalaya sowie den asiatischen Gebirgen und

Caspari 2017

Hochsteppen. Dort fanden, wie bei uns in den Alpen, während der letzten 2,5 Millionen Jahre bis etwa 13 000 Jahre vor Christus in periodischen Abständen Zeiten starker Vereisungen (Eiszeiten) statt, in denen auch die östlichen Gebirgsregionen, so auch der Altai, von Eis bedeckt waren. Das Edelweiß ist wie auch andere östliche Arten (z. B. die Edelraute) nach Westen verdrängt worden und eroberte sich in den wiederkehrenden Warmzeiten die westlichen Gebirge, so die Alpen und Karpaten. In den tiefer gelegenen Regionen, die es zwischenzeitlich besiedelte, ist auch heute für das Edelweiß kein dauerhaftes Überleben möglich.

Das Edelweiß stammt aus den Hochsteppen Zentralasiens und wurde zur Symbolpflanze der Alpen. Als Touristenattraktion begehrt, wurde es beinahe ausgerottet und auf steile, unzugängliche Felsbereiche zurückgedrängt.

Heute hat das Edelweiß aufgrund seiner Wirkstoffe auch Eingang in die medizinische Forschung und in die Kosmetikindustrie gefunden. Um den Bedarf zu decken, werden in höheren Lagen eigene Edelweißkulturen angelegt.

Eine Steppenpflanze im Kampf gegen Hitze und Kälte

Das Alpen-Edelweiß ist ursprünglich eine Steppenpflanze. Intensive Sonnenstrahlung und Hitze, aber ebenso nächtliche Abkühlung und Kälte treten auch in ihrem ursprünglichen Verbreitungsgebiet auf. Durch die dichte, filzige Behaarung ist das Edelweiß gegen Überhitzung, Kälte sowie Verdunstung (Wasserverlust) geschützt. Das leuchtende Weiß der sternförmig angeordneten Hochblätter entsteht dadurch, dass das Sonnenlicht von den vielen winzigen Luftbläschen in dem dichten Haarfilz zu einem Teil reflektiert wird; ein Teil des restlichen Lichtes wird durchgelassen und dient der Pflanze für die Fotosynthese. In den hohen Lagen der Alpen schädigt zudem die UV-Strahlung das Chlorophyll. Dafür hat das Edelweiß sich zusätzliche Schutzeinrichtungen «angeschafft». Belgische Physiker haben entdeckt, dass die Haare der Pflanze aus winzigen, parallel verlaufenden Fasern mit einem Durchmesser von 0,18 Mikrometer zusammengesetzt sind, die die UV-Strahlung fast restlos absorbieren und somit die Pflanze vor einem «Sonnenbrand» bewahren.

Das Edelweiß hat aufgrund anatomischer und physiologischer Ausstattung die Fähigkeit, in klimatisch unwirtlichen Standorten mit großen Temperaturgegensätzen und starker, schädlicher UV-Strahlung zu überleben. Als zweite Strategie hat es die Fähigkeit entwickelt, in ungünstigere Felsstandorte und Schuttbänder auszuweichen, da es in den leicht zugänglichen «Edelweißwiesen» der höheren Lagen durch den Menschen fast zum Aussterben verurteilt worden wäre.

Ein lukratives, fast ausgestorbenes Prestigeobjekt

Das Edelweiß als Symbol-, Mode- und Prestigepflanze ist wie kaum eine andere Alpenpflanze durch Händler, Souvenirjäger und Touristen in den letzten 150 Jahren in Bedrängnis geraten und war fast ausgestorben. So wird in den Mitteilungen des Deutsch-Österreichischen Alpenvereins im Jahre 1884 berichtet, dass im vorigen Jahrhundert ein Händler in einem Jahr 1,5 Millionen Edelweißsterne aus dem Isonzotal und den Karnischen Alpen bezogen hat. 1946 und 1947 wurden in Tirol 6400 Edelweißpflanzen von der Bergwacht beschlagnahmt. So ist es verständlich, dass das Edelweiß eine der ersten Pflanzen war, die unter Schutz gestellt wurden. Bereits 1878 wurde in der Schweiz im Kanton Oberwalden das Plündern des Edelweißes unter Strafe gestellt. 1886 erfolgte die Unterschutzstellung des Edelweißes in Österreich. Heute ist die beliebte Alpenpflanze in den meisten Alpenländern und Kantonen streng geschützt.

Das Edelweiß als Heilpflanze

Das Edelweiß hat als Heilpflanze seit jeher einen hohen Stellenwert. Der im Alpenraum gebräuchliche Name «Bauchwehblume» zeugt davon. Es wurde gegen Durchfall, Ruhr, Verdauungsbeschwerden und Magenleiden verwendet. In neuerer Zeit rücken intensive Untersuchungen die Inhalts- und Wirkstoffe der oberirdischen Teile der Pflanze sowie der Wurzelextrakte in den Vordergrund. Forschungen an der Universität Innsbruck ergaben, dass Wurzelextrakte als Mittel gegen erhöhte Blutfettwerte und gegen Arteriosklerose wirken. Der Wirkstoff Leoligin der Wurzel hat sich als wirksames Mittel gegen die Innenwandverdickung von Blutgefäßen erwiesen und wird zur Nachsorge von Bypass-Operationen eingesetzt. Er soll auch die Haltbarkeit von Bypässen verbessern. Darüber hinaus bindet er freie Radikale. Antibakterielle, also entzündungshemmende, und antioxidative sowie hautschonende Wirkstoffe werden aus den oberirdischen Pflanzenteilen gewonnen.

Auch die Nachfrage der Kosmetikindustrie ist aufgrund der zahlreichen Wirkstoffe zur Herstellung von Sonnenschutzcremes und als Mittel gegen Hautalterung sehr groß.

Der Bedarf an Edelweiß-Material für die Pharma- und Kosmetikindustrie ist daher stark angewachsen. Es wurden deshalb in der Schweiz erfolgreiche Kulturversuche durchgeführt. Aus Kreuzung und Selektion entstand die Edelweißsorte 'Helvetica', die sich vor allem für den Anbau in Gärten und tieferen Höhenlagen eignet.

Der Gehalt an wirksamen Inhaltsstoffen des Edelweißes ist aber nur an den Wuchsorten in den Hochlagen gewährleistet. Es wurde daher die Edelweißsorte 'Hortus' gezüchtet, deren Saatgut aus einem Wildstandort in Graubünden gewonnen wurde. Die Kultivierung dieser für medizinische und kosmetische Bedürfnisse geeigneten Edelweißsorte wird von Bergbauernbetrieben in etwa 2000 m Höhe durchgeführt.

Dieses Beispiel einer medizinisch-kosmetischen Nutzanwendung einer Pflanzenart, die beinahe durch rücksichtslose Plünderei zum Aussterben gebracht worden wäre, zeigt, wie wichtig der Artenschutz ist. Die Pflanzenwelt birgt nämlich noch eine Vielzahl von Wirkstoffen, die von der Wissenschaft noch nicht entdeckt sind, die aber für den Menschen lebensnotwendig werden könnten.

Edelweiß mit
Matterhorn,
Symbol der
Schweizer Alpen

11

FLECHTEN

Wie bereits in der Einleitung ausgeführt, sind Flechten keine Pflanzen im heutig strengen Sinn. Bei Flechten handelt es sich um hochkomplexe Lebensgemeinschaften von Pilzen mit Algen. Erst gemeinsam in der Symbiose bilden die beiden Partner die typischen Wuchsformen und Farben heraus.

Dass Flechten in dieses Buch der Überlebenskünstler trotzdem Eingang gefunden haben, hat mir ihren besonders beeindruckenden Fähigkeiten zu tun, auch die extremsten Standorte und wahrlich unwirtliche Flächen zu besiedeln. In den Alpen gibt es wahrscheinlich über 3000 Arten.

Flechten sind hochkomplexe, symbiontische, dauerhafte Lebensgemeinschaften aus Pilzen mit Algen, die zur Fotosynthese befähigt sind. Gerade die Oberfläche riesiger, nackter, scheinbar vegetationsloser Kalk- und Dolomitfelsen in den Alpen ist von unscheinbaren Krustenflechten meist dicht besiedelt.

Arten

- Blutaugenflechte *(Ophioparma ventosa)*
- Fuchs- oder Wolfsflechte *(Letharia vulpina)*
- Alpen-Rentierflechte *(Cladonia stellaris)*

Strategien

- Überlebensstrategien bei extremer Kälte, Hitze und Trockenheit: Ausharren in einer vermeintlich leblosen Kälte- oder Trockenstarre über lange Zeiten.
- Besiedlungsstrategien: Jedes Substrat, gleich ob Fels, Beton, Erde, Eisen, Holz oder Rinde, wird von Flechten besiedelt.

Die Natur der Flechten

Flechten sind rätselhafte Doppelwesen, von denen es weltweit über 20 000 Arten gibt. Sie bestehen aus einem Pilz- und einem Algenpartner. Zusammen bilden sie eine symbiontische, dauerhafte Lebensgemeinschaft. Jede Flechtenart ist durch eine spezifische, nur in dieser Flechte vorkommende Pilzart definiert. Der Algenpartner, meist eine Grünalge, ist nicht immer artspezifisch an eine bestimmte Flechtenart gebunden. Seltener kommen auch Vertreter der Cyanobakterien vor, die früher als Blaualgen bezeichnet wurden. Pilz und Alge, getrennt in Kultur gezüchtet, haben ganz andere Formen und Eigenschaften. Erst in der Symbiose, also im Zusammenleben, bilden sie die charakteristische Wuchsform der Flechte aus.

Nach neueren Erkenntnissen werden die Pilze nicht mehr dem Pflanzenreich zugeordnet. Sie werden neben dem Pflanzen- und Tierreich in ein eigenes Reich gestellt. Im Gegensatz zu den Pflanzen, die für ihren Aufbau der Zellwände Zellulose produzieren, bauen die Pilze zur Stabilisierung der Pilzhyphen Chitin oder chitinähnliche Substanzen ein und haben somit mit den Insekten, also mit dem Tierreich, größere Ähnlichkeiten. Im Gegensatz zu den grünen Pflanzen können die Pilze keine Fotosynthese betreiben, um mithilfe des Sonnenlichtes Energie zu gewinnen. Die symbiontische Dauergemeinschaft aus Pilz und Algen, also die Flechten, sind jedoch zur Fotosynthese befähigt.

Flechten sind die faszinierenden Besiedlungsstrategen schlechthin, die als Erstes totes Material wie Felsen, Steine, Holz besiedeln und in den Alpen bis auf den höchsten Gipfeln vorkommen. Sie dürfen daher in einem Buch über Überlebensstrategien nicht fehlen.

Um die Eigenart dieser Doppelwesen näherzubringen, wird eine kurze Erläuterung zur Natur der Flechten vorangestellt.

Die Erkenntnis der Doppelnatur der Flechte aus Pilz und Alge wurde erst 1869 von dem Schweizer Botaniker Simon Schwendener postuliert. Erstmals erwähnt der griechische Botaniker Theophrast (etwa um 390 vor Christus, ein Schüler von Aristoteles), zwei «Flechtenarten», eine Bartflechte *(Usnea),* die er für Auswüchse von Bäumen hielt, und eine Flechte der Küstenfelsen (vermutlich eine Art der Gattung *Roccella*), die er als Seetang ansprach.

Es ist erstaunlich, was das Reich der Flechten für eine Formenvielfalt entwickelt. Der anatomische Bau einer Flechte ist im Prinzip sehr einfach. Ein Geflecht aus fadenförmigen Pilzfäden, genannt Hyphen, die einen Durchmesser von wenigen Tausendstel Millimeter haben, schaffen die Form und Ausgestaltung dieser Pflanze. Der Algenpartner, meist einzellige, kugelige Grünalgen mit einem Durchmesser von etwa einem Hundertstel Millimeter werden von dem Pilzgeflecht im Flechtenkörper umsponnen.

Pilz und Alge, getrennt in Kultur gezüchtet, haben ganz andere Formen und Eigenschaften. Erst in der Symbiose, also im Zusammenleben, bilden sie die charakteristische Wuchsform der Flechte aus.

Der Flechtenpilz ist auf den Algenpartner angewiesen und kommt frei lebend in der Natur nicht vor. Die Alge beliefert den Pilz oder «füttert» ihn mit den bei der Fotosynthese gewonnenen Kohlehydraten wie Zucker, genauer den Zuckeralkoholen Ribit, Erythrit oder Sorbit. Der Vorteil für die Alge, eingebettet in den Pilzverband, liegt vor allem darin, dass sie vor rascher Austrocknung und vor der schädlichen Wirkung der UV-Strahlung geschützt ist. Die Algen sind meistens Bewohner von sehr schattigen Standorten.

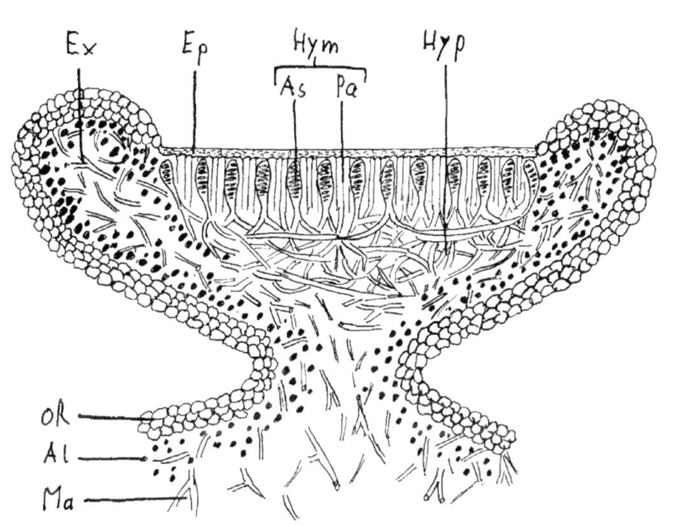

Querschnitt durch ein Apothecium (Fruchtkörper):

Ex = Excipulum, Rand des Schüsselchens
Ep = Epihymenium oder Deckel des Fruchtkörpers (meist braun, rot oder schwarz)
Hym = Fruchtschicht mit As = Ascus oder Schlauch mit vielen kleinen Sporen
Pa = Paraphysen oder sterile Pilzhyphen
Hyp = Hypothecium oder Pilzschicht unter der Fruchtschicht
OR = obere Rinde oder Lagerrand
Al = Algenschicht
Ma = Mark
(nach Poelt 1969, verändert)

Wuchsformen

Anhand der Wuchsformen unterscheidet man Krustenflechten, Blattflechten und Strauchflechten.

Krustenflechten bilden firnisartige, schorfige oder warzige Überzüge an Gesteinsoberflächen, Felsen, Mauern, an Rinde, nacktem Holz und gelegentlich auch auf Erde. (In der Bestimmungsliteratur werden diese flächigen Gebilde als Lager oder Thallus bezeichnet.)

Ein Urgesteinsfels mit einer Landkartenflechte (gelb) und vielen anderen, nur mit dem Mikroskop bestimmbaren Arten.

Eine rote blattartige Krustenflechte, genannt Schönflechte, auf Kalkgestein

Blattflechten sind flächige, blattartige, sehr vielgestaltige Gebilde, die auf Unterlagen wie Gestein, Rinde oder Moospolstern locker aufsitzen.

Eine Laubflechte mit braunen Fruchtkörpern (Apothecien). Diese haben einen Durchmesser von 2–5 mm.

Eine blaugraue Blattflechte, genannt Nabelflechte, auf Silikatgestein. Das rundliche, gelappte Gebilde (Lager oder Thallus) hat in der Mitte der Unterseite feine «Würzelchen» (Rhizoiden), mit denen es am Gestein haftet.

Strauchflechten haben eine dreidimensionale Struktur; diese kann bäumchenförmig, bandartig oder fadenförmig lang gestreckt und reich verzweigt sein.

Eine Bartflechte (*Usnea* spec.) an einer Fichte

Die Blutaugenflechte, benannt nach ihren roten Fruchtkörpern, kommt in den Alpen nur auf Silikatgestein vor.

Die Fuchsflechte, eine Strauchflechte, an Zirbe und Lärche, ist die einzige bekannte giftige Flechtenart.

Die Alpen-Rentierflechte bildet kissenförmige Polster in den Zwergstrauchheiden der Alpen und in den Tundren Skandinaviens.

Vermehrung und Fortpflanzung

Die Vermehrung einer Flechte im «Doppelpack» ist nur vegetativ möglich. Dabei entstehen an der Oberfläche der Flechte staubige, feine Körnchen (genannt Soredien). Sie bestehen aus einigen Algenzellen, die von Pilzfäden umsponnen sind. Diese feinen Stäube werden vom Wind transportiert und «mit viel Glück» an einem für sie günstigen, lebensfähigen Standort abgelagert. Eine andere Vermehrungsstrategie vieler Flechtenarten sind kleine Auswüchse des Lagers in Form von winzigen Stiften, Plättchen oder kleinen Ästen (genannt Isidien), die abbrechen und wiederum vom Wind oder Wasser verfrachtet werden, um an einem geeigneten Standort eine neue Flechtenpflanze zu bilden.

Der Pilz, für sich allein, kann sich mittels Sporen geschlechtlich fortpflanzen.

Der Fruchtkörper des Pilzpartners ist bei den meisten Flechtenarten ein schüsselförmiges Gebilde mit einem Durchmesser von etwa 1 bis 6 mm (genannt Apothecium, Mehrzahl: Apothecien). Die geschlechtlich erzeugten Sporen werden in sogenannten Schläuchen (Asci) gebildet. Die Abbildung Seite 237 zeigt in einem stark vergrößerten Querschnitt einen Fruchtkörper (Apothecium) und dessen Aufbau. Dabei ist meistens die Oberfläche dieser Fruchtkörper gefärbt. Im Falle der abgebildeten Blutflechte sind die Apothecien blutrot, was der Flechte ihren deutschen Namen gab.

Die Pilzspore, vom Wind verweht, muss sich rasch den richtigen Algenpartner einfangen, um längerfristig in der Lebensgemeinschaft als Flechte existieren zu können. Keine leichte «Aufgabe», aber die Anzahl der Pilzsporen ist nahezu unendlich, sodass es die eine oder andere Spore bis zur Bildung einer neuen Flechtenpflanze schafft.

Flechtenstoffe und deren Verwendung

Die Flechten sind nicht nur Überlebenskünstler in der unwirtlichen Natur, sondern auch ein Modellbeispiel eines chemischen Labors im Kleinen. Derzeit sind über 600 verschiedene Flechtenstoffe und Flechtensäuren bekannt, deren chemische Struktur weitgehend aufgeklärt ist. Verwendung finden sie unter anderem in der Pharma- und Parfümindustrie. Seit dem Altertum wurden Flechten in der Färberei benutzt. Ihre Bedeutung verloren sie erst mit dem Aufkommen synthetischer Farbstoffe. Bereits die alten Ägypter benutzten zum Einbalsamieren der Mumien die Eichenflechte *(Evernia prunastri),* die später bis ins 17. Jahrhundert als wohlriechendes Pulver gehandelt wurde, vor allem in Frankreich und Italien. Der Inhaltsstoff des «Isländischen Mooses» (*Cetraria islandica*, es ist kein Moos, sondern eine Strauchflechte) wird für ein Hustenmittel gewonnen. Die Flechte enthält den Flechtenstoff Usninsäure, die antibiotisch wirkt.

Lange Zeit wurde der purpurne Farbstoff Orseille aus der Strauchflechte *Rocella* gewonnen, die an den Küstenfelsen in mehreren Arten vorkommt. Dieser Farbstoff entstand erst in einem längeren chemischen Prozess, indem man die zerkleinerten Flechtenstücke mit Ammoniak oder auch Urin angerührt und der Gärung überlassen hat. In Chile wird heute noch der Farbstoff einer Bartflechte der Gattung *Usnea* zum Färben von Wolle verwendet.

Ausharren in einer Kälte- oder Trockenstarre bei Extremsituationen

Flechten dringen in extreme Lebensräume vor, die oft den Blütenpflanzen verwehrt sind, etwa Küstenfelsen der Ozeane. In den Alpen sind auch die höchsten Gipfel, soweit sie nicht vergletschert sind, von einer reichen Flechtenvegetation besiedelt. Im Himalaya hat man noch in fast 7000 m Höhe einige Flechtenarten aufgefunden. Die Lebensgemeinschaft aus Pilz und Alge befähigt die Flechte, Lebensräume zu erobern, die weder der Pilz noch die Alge für sich allein besiedeln könnten.

Extreme Kälte- und Hitzeresistenz ermöglichen dieser Pflanzengruppe ein dauerhaftes Überleben auch an äußerst lebensfeindlichen Wuchsorten. Sie können langanhaltende Dürreperioden sowie extreme Frostperioden mit arktischen Minusgraden bis zu –50 °C und noch tiefer ertragen. Mehrtägiges Lagern in flüssigem Stickstoff bei –196 °C oder dreieinhalbjähriges Einfrieren bei –60 °C überstanden Flechten, ohne Schaden zu leiden. Um die empfindlichen symbiontischen Algen vor den schädlichen UV-Strahlen zu schützen, setzen die Flechten an sonnigen Felsen eine «Sonnenbrille» auf. Diese besteht aus Pigmenten und kristallisierten Flechtenstoffen. In Zeiten einer Extremsituation fallen die Flechten in eine inaktive Kälte- oder Trockenstarre, in der sie ohne Schaden über viele Wochen und Monate ausharren können. Verbessern sich die Umweltbedingungen, herrschen also genügend Feuchtigkeit und gemäßigte Temperaturverhältnisse, so «erwachen» sie sehr rasch und wachsen weiter. Das Wachstum ist allerdings an Extremstandorten in den Alpen stark eingeschränkt. Zwar vermag eine Flechte der Gebirgslagen noch bei einer Temperatur von bis zu –20 °C Fotosynthese zu betreiben, aber bis ein Flechtenkörper einen Durchmesser von mehreren Zentimetern erreicht, vergehen oft 500 Jahre und mehr. Flechten können weit über tausend Jahre alt werden.

Die Flechtenflora der Hochalpen ist außerordentlich reichhaltig. Sicherlich konnten die an extreme Verhältnisse angepassten Flechten (meist Krustenflechten) auch während der Eiszeiten an unvergletscherten Berggipfeln weitaus besser überleben als die Blütenpflanzen. Diese damals eisfreien Bereiche (Nunataker) bildeten kleinräumige Überdauerungsinseln. Den Blütenpflanzen dagegen ist ein Überleben während der Vereisungen nur in einem bescheidenen Umfang geglückt.

Der jährliche Zuwachs einer Krustenflechte, wie der gelbgrünen Landkartenflechte *(Rhizocarpon geographicum),* beträgt je nach Höhenlage nur 0,1 bis 0,4 mm pro Jahr. Anhand der Größe des Flechtenkörpers kann man das Alter recht gut abschätzen. Damit kann man auch Rückschlüsse ziehen, wie lange ein großer Felsblock im Bereich der Gletschervorfelder vom Eis freigelegt wurde. Bekanntlich sind in den Alpen um 1800 bis 1850 die meisten Gletscher vorgerückt. Man spricht auch von der Kleinen Eiszeit. Seitdem ist ein stetiger Rückgang der Gletscher zu beobachten, vor allem in den letzten Jahrzehnten. Die Methode der Altersdatierung anhand des Flechtenzuwachses, genannt Lichenometrie, wurde von dem Österreicher Roland Beschel 1957 eingeführt. Sie wird vor allem in der Gletscherkunde (Glaziologie) angewandt.

Als Kranzschmuck und als Modellbäumchen in Architekturmodellen dient die Alpen-Rentierflechte *(Cladonia stellaris,* siehe Seite 246), die in großen Mengen auch heute noch aus Skandinavien eingeführt wird.

Blutaugenflechte

{*Ophioparma ventosa*}

Porträt

Die abgebildete Art sieht nicht wie eine lebende Pflanze aus, sie könnte ebenso irgendeine ornamentale Gesteinsformation sein. Jedoch, es ist eine lebende Pflanze (wenn auch nicht im strengen Sinn) und gehört zu der artenreichen Gruppe der Flechten. Diese Krustenflechte überzieht den Felsen mit einer 1–3 mm dicken, warzigen, oft auch grobrissigen, graugrünen bis gelbgrünen Kruste, genannt Flechtenlager oder Thallus. Auf ihm sitzen, teilweise auch in das Lager eingesenkt, die 1–3 mm breiten Fruchtkörper, deren Oberflächen («Augen») blutrot gefärbt sind. Diese Flechte ist daher leicht zu erkennen, während die übrigen Arten, besonders die der Krustenflechten, nur sehr mühsam unter dem Mikroskop anhand fein abgestufter Merkmale zu bestimmen sind.

Vorkommen und Verbreitung

Die Blutaugenflechte kommt nur auf saurem Silikatgestein vor und steigt in den Alpen weit über 3000 m hinauf. Verbreitet ist die Art in den Alpen, vor allem in den Zentralalpen, dann in den mitteleuropäischen Mittelgebirgen, in Nordeuropa bis in das mittlere schwedische Tiefland und in der Arktis.

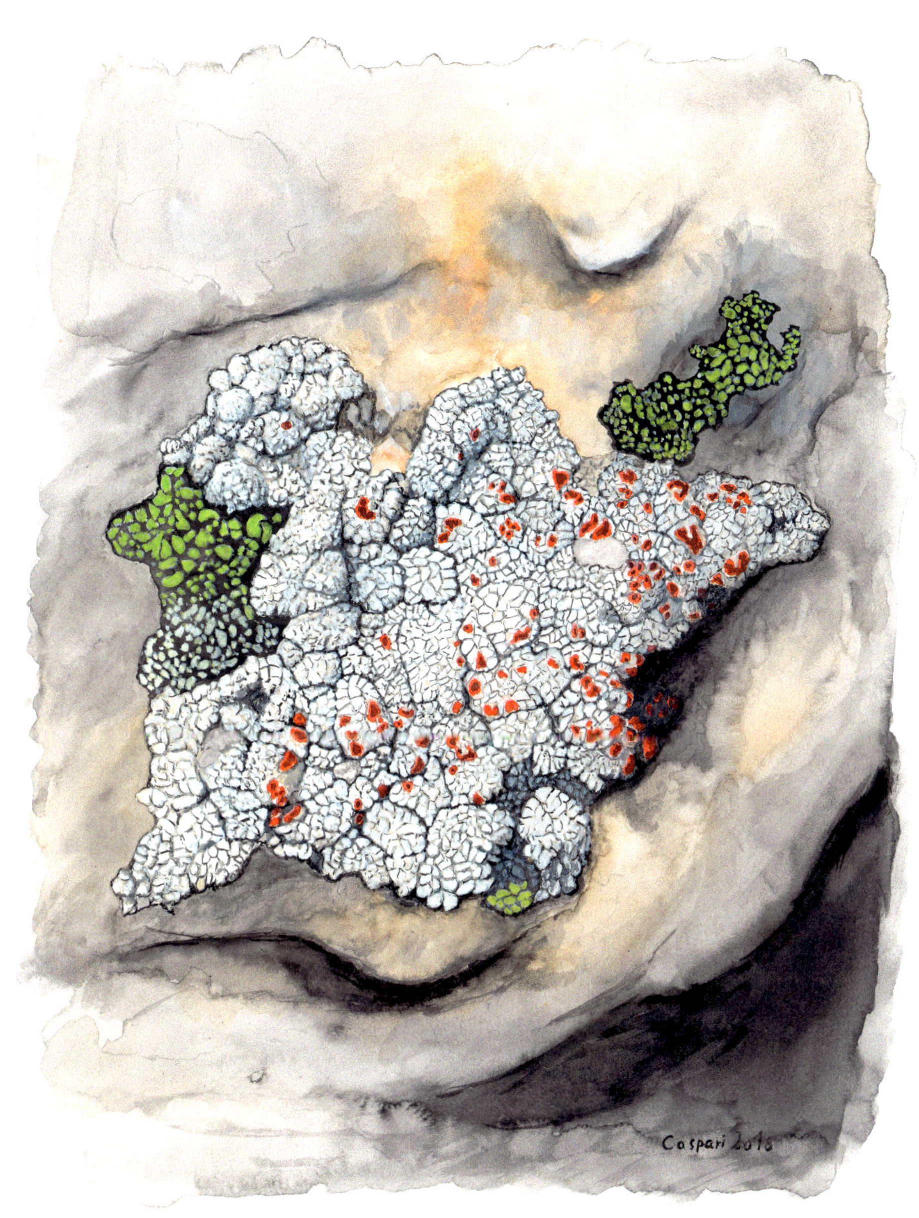
Caspari

Fuchs- oder Wolfsflechte

{*Letharia vulpina*}

Porträt

Die Fuchsflechte ist eine sparrig verzweigte, leuchtend gelbe bis grüngelbe Strauchflechte. Die starren, abstehenden oder hängenden Äste werden bis zu 15 cm (seltener bis 20 cm) lang. Sie sind 2–2,5 mm dick, runzelig und gabelig verzweigt. Mit rotbraunen Früchten (Apothecien) findet man die Art nur selten. Die Strauchflechte ist am Grund mit einer Haftscheibe an einer Baumrinde oder an alten Brettern befestigt.

Vorkommen und Verbreitung

Als lichtliebende Art bevorzugt sie die Rinde oder Borke der Lärche und licht stehender, alter Zirben nahe der Waldgrenze. Gelegentlich besiedelt die Fuchsflechte auch alte Schindeldächer und Bretterzäune.

Die Fuchsflechte hat eine arktisch-alpine Verbreitung. Sie kommt vor allem in den höheren Lagen der Alpen und in den Nadelwäldern Skandinaviens vor. Weltweit ist die Art in den borealen Nadelwäldern rings um die Nordhalbkugel verbreitet.

Überlebensstrategien

Biologie der Fuchsflechte

Die Fuchsflechte enthält den Flechtenstoff Vulpinsäure, der ihr die gelbe Farbe verleiht. Die Vulpinsäure ist ein starkes Gift, das auf das zentrale Nervensystem wirkt. Früher hat man die Fuchs- oder Wolfsflechte in Fleischköder gemischt, um damit Füchse und Wölfe zu vergiften (daher der Name der Pflanze). Das Gift ist auch bei Insekten und Schnecken wirksam. Da Schnecken häufig Flechten befallen und vor allem die Fruchtkörper (Apothecien) mit den Sporen abraspeln, ist diese Flechtensäure ein wirksamer Schutz vor Schneckenfraß. Beim Menschen kann die Fuchsflechte zu Hautallergien führen.

In neuester Zeit hat man anhand molekulargenetischer Untersuchungen bei einigen Flechtenarten noch einen zweiten Pilzpartner entdeckt. So auch bei der Fuchsflechte; sie lebt mit einem zweiten, hefeartigen Pilz (ein Basidiomyzet oder Ständerpilz) zusammen, der mit aller Wahrscheinlichkeit für die Synthese der Vulpinsäure verantwortlich ist.

caspari 2018

Alpen-Rentierflechte

{*Cladonia stellaris*}

Porträt

Die Alpen-Rentierflechte ist eine reich verzweigte, schneeweiße bis grauweiße, 5–15 cm hohe Strauchflechte, die oft kuppelförmige Rasen bildet. Die Ästchen oder Zweige gehen meist zu viert gleichmäßig sternförmig von einem Punkt aus. Dadurch entsteht ein fast blumenkohlartiges Aussehen. Die Endästchen haben (im Gegensatz zu der folgenden Art) keine gebräunten Spitzen.

Ähnlich ist die Echte Rentierflechte *(Cladonia rangiferina).* Diese Art zeichnet sich durch graue bis bläulich graue und viel unregelmäßiger angeordnete Äste aus. Die Endästchen sind meist nach einer Seite stark gekrümmt und haben braune Spitzen.

Vorkommen und Verbreitung

Beide Arten sind in den Alpen in einer Höhe bis fast 3000 m verbreitet. Die Alpen-Rentierflechte bevorzugt nordseitige oder schattseitige Mulden mit längerer Schneebedeckung. Beide Strauchflechten bilden oft kissenförmige Polster in den Zwergstrauchheiden mit Alpen-Azalee, Heidekraut, Preiselbeere oder Krähenbeere.

Die Alpen-Rentierflechte besitzt in Mitteleuropa ihr Hauptvorkommen in den Alpen, meist in einer Höhe über 1500 m. In den Mittelgebirgen ist sie recht selten und befindet sich im Rückgang. Weitere Vorkommen der Art liegen in Skandinavien (jedes Jahr werden von dort große Mengen zu Schmuckzwecken in der Kranzbinderei exportiert), dann in den Karpaten, im Balkan und im Ural.

Wissenswertes

Die Echte Rentierflechte ist in fast ganz Europa verbreitet. Sie ist in Hochmooren und deren Verheidungsstadien mit Heidekraut *(Calluna vulgaris)* sowie in Sandmagerrasen und offenen Silikatfelsstandorten der Tieflagen noch relativ häufig anzutreffen.

Es gibt noch eine Reihe weiterer sehr ähnlicher Arten aus der Gruppe der Rentierflechten. Die meisten besitzen ihr Hauptvorkommen in den weitläufigen Tundren Skandinaviens und dienen den Rentieren und Elchen als winterliche Nahrungsgrundlage. Der Tagesbedarf eines Rentieres liegt etwa bei 2 kg Trockenmasse.

Die reinweiße Alpen-Rentierflechte ist als Kranzschmuck und als Modellbäumchen für Architekturmodelle sehr beliebt. Sie wird auch heute noch in großen Mengen aus Skandinavien, vor allem aus Finnland, eingeführt.

In Notzeiten wurde die bitter schmeckende Rentierflechte auch von Menschen gegessen und deshalb Hungermoos genannt. Gelegentlich wird die kohlehydrathaltige Rentierflechte für Alkoholprodukte und zum Aromatisieren von Aquavit verwendet.

Die Rentierflechten speichern in ziemlich hohen Dosen das radioaktive Element Caesium, das bei den Atombombenversuchen und bei Reaktorunfällen freigesetzt wird. Bereits vor dem Reaktorunfall bei Tschernobyl am 26. 4. 1986 war die Radioaktivität bei der Rentierflechte (wie auch bei vielen Pilzen) sehr hoch. Besonders belastet waren vor allem die Flechten, die in niederschlagsreichen Gebieten wuchsen. Nach dem Reaktorunfall bei Tschernobyl sind natürlich gebietsweise, so auch in Skandinavien, die Werte des Cs^{137} nochmals drastisch gestiegen. Dadurch ging der Export an Rentierfleisch verständlicherweise stark zurück. Die Halbwertszeit des Cs^{137} liegt bei etwa 30 Jahren; das bedeutet, dass nach 30 Jahren erst die Hälfte des radioaktiven Elementes zerfallen ist.

Caspari 2018

ANHANG

Herbstbild im Voralpenland mit
Wolliger Kratzdistel *(Cirsium eriophorum)*
im Fruchtstand

GLOSSAR

alpigen: Pflanzensippen, deren Entstehungszentren sich im Alpenraum befanden und deren stammesgeschichtliche Entwicklung (vermutlich) im Alpenraum stattfanden

Areal: Verbreitungsgebiet einer Art, Unterart, Gattung oder Familie

Assimilation: Aufbau organischer Verbindungen aus anorganischen Grundsubstanzen unter Verwendung der Lichtenergie (Fotosynthese). Diese Ernährungsweise der grünen Pflanzen wird als autotroph («selbsternährend») bezeichnet.

disjunkt: geografisch getrennte Verbreitungsgebiete einer Pflanze

einseitswendig: Anordnung von Blättern und Blüten, die vom Stängel nach einer Seite ausgerichtet sind.

Endemiten, endemische Arten: Pflanzen, die nur in begrenzten Verbreitungsgebieten vorkommen.

Fotosynthese: Prozesse bei grünen Pflanzen, die mithilfe des Sonnenlichtes als Energiequelle Kohlenstoffdioxid und Wasser zu energiereichen Stoffen (wie Zucker) umwandeln.

Halbschmarotzer oder Halbparasiten: Pflanzen, die ihren Wirtspflanzen mithilfe von Saugorganen (Haustorien) Wasser und Nährsalze entziehen, jedoch selber Fotosynthese betreiben können.

linealisch: lang gestrecktes, schmales Laubblatt mit (fast) parallelen Rändern

Mykorrhiza: Pilzgeflecht im Boden, das mit den Wurzeln einer Pflanze eine Symbiose eingeht.

Nektarien: Drüsen oder Gewebe einer Blüte, die Nektar absondert.

Pflanzensippe: Natürliche Verwandtschaftseinheit ohne Zuordnung einer bestimmten Rangstufe wie Art, Unterart, Varietät oder Form. Der Begriff Sippe wird verwendet, solange eine pflanzensystematische Zuordnung unklar ist.

sommergrün: Pflanzen, die nur im Sommer grüne Blätter oder Nadeln tragen.

Spaltöffnungen: Poren der Blattoberflächen, die dem Gasaustausch und der Wasserverdunstung dienen.

Transpiration: Wasserverdunstung durch die Spaltöffnungen

Vollschmarotzer oder Vollparasiten: Pflanzen, die ihren Wirtspflanzen mithilfe von Saugorganen (Haustorien) Wasser, Nährsalze und Zucker oder lebensnotwendige Stoffe entziehen, da ihnen das nötige Blattgrün zur Erzeugung organischer Kohlenstoffverbindungen (Zucker) fehlt.

wintergrün: Pflanzen, die auch im Winter grüne Blätter oder Nadeln tragen, die meist im Frühjahr abfallen und neu gebildet werden. Die Blätter der Nadelbäume sind meist über mehrere Jahre grün; sie sind immergrün.

WEITERFÜHRENDE LITERATUR (AUSWAHL)

Aeschimann, D., Lauber, K., Moser, D., Theurillat, J-P. (2004): Flora alpina. Ein Atlas sämtlicher 4500 Gefäßpflanzen der Alpen. Haupt, Bern

Ellenberg, H. (1996): Vegetation Mitteleuropas mit den Alpen in ökologischer, dynamischer und historischer Sicht. Ulmer, Stuttgart

Favarger, C. & Robert, P-A. (1958–1959): Alpenflora, 2 Bände. Kümmerly & Frey, Bern

Hegi, G. (1906–1998): Illustrierte Flora von Mitteleuropa 1–7. Carl Hanser, München, Berlin/Hamburg

Hegi, G., Merxmüller, H., Reisigl, H. (1977): Alpenflora. Die wichtigsten Alpenpflanzen Bayerns, Österreichs und der Schweiz. Parey, Berlin

Hess, D. (2001): Alpenblumen. Erkennen – Verstehen – Schützen. Ulmer, Stuttgart

Hess, H. E., Landolt, E. & Hirzel, R. (1976–1980): Flora der Schweiz und angrenzender Gebiete. Birkhäuser, Basel

Larcher, W. (1984): Ökologie der Pflanzen. Ulmer, Stuttgart

Lauber, K., Wagner, G., Gygax, A. (2018): Flora Helvetica. Haupt, Bern

Lippert, W. (1991): Fotoatlas der Alpenblumen. Gräfe und Unzer, München

Mertz, P. (2017): Alpenpflanzen in ihren Lebensräumen. Haupt, Bern

Messerli, P. (1989): Mensch und Natur im alpinen Lebensraum: Risiken, Chancen, Perspektiven. Haupt, Bern

Pauli, L. (1980): Die Alpen in Frühzeit und Mittelalter: Die archäologische Entdeckung einer Kulturlandschaft. Beck, München

Rauh, W. (1951–1953): Alpenpflanzen, 4 Bände. Carl Winter, Heidelberg

Reisgl, H. & Keller, R. (2001): Alpenpflanzen im Lebensraum. Gustav Fischer, Stuttgart

Schauer, Th., Caspari, C. (1978): Pflanzen- und Tierwelt der Alpen. BLV, München

Schauer, Th., Caspari, C., Caspari, S. (2012): Die Pflanzen Mitteleuropas. BLV, München

Schöller, H. (1997): Flechten. Geschichte, Biologie, Systematik, Ökologie, Naturschutz und kulturelle Bedeutung. Kleine Senkenbergreihe N 27, Frankfurt am Main

Schröter, C. (1926): Das Pflanzenleben der Alpen. Raustein, Zürich

Staffelbach, H. (2011): Handbuch Schweizer Alpen. Haupt, Bern

Süßmut, A. (2014): Lexikon der Alpenheilpflanzen. AT Verlag, Aarau und München

(Spezielle Literaturangaben zur Biologie und Ökologie der Alpenpflanzen in Fachzeitschriften und Dissertationen wurden aus Platzgründen weggelassen.)

BILDNACHWEIS

Zeichnungen

Alle Pflanzenzeichnungen stammen von **Stefan Caspari**.

Fotografien

Alle unten nicht aufgeführten Fotografien stammen von **Thomas Schauer**.

Seite 1: Dirk Beyer, Wikimedia Commons, CC-BY-SA-3.0 (Gentiana brachyphylla)
Seite 2: Günter Seggebaeing, Wikimedia Commons, CC-BY-SA-3.0
Seite 21: Wolfgang Moroder, Wikimedia Commons, CC-BY-SA-3.0
Seite 34, unten: Bernd Haynold, Wikimedia Commons, CC-BY-SA-3.0
Seite 42, rechts unten: Harald Berger, Wikimedia Commons, CC-BY-SA-3.0
Seite 45: Whgler, Wikimedia Commons, CC-BY-SA-3.0
Seite 52, unten: Ghislain Chenais, Wikimedia Commons, CC-BY-SA-3.0
Seite 56, unten: Jörg Hempel, Wikimedia Commons, CC-BY-SA-2.0
Seite 60, links: Hermann Schachner, Wikimedia Commons, CC-BY-SA-0 1.0
Seite 65: Bernd Haynold, Wikimedia Commons, CC-BY-SA-3.0
Seite 68: gabriffaldi, AdobeStock
Seite 73: Hans Braxmeier, Pixabay
Seite 81: Jean-Luc Gorremans, via Tela Botanica, CC-BY-SA-2.0
Seite 89, links: Roland Teuscher, Wikimedia Commons, CC-BY-SA-3.0
Seite 89, rechts: Muriel Bendel, Wikimedia Commons, CC-BY-SA-3.0
Seite 94, unten: Friedrich Böhringer, Wikimedia Commons, CC-BY-SA-2.5
Seite 99: Harald Berger, Wikimedia Commons, CC-BY-SA-3.0
Seite 103: Del45, Wikimedia Commons, CC-BY-SA-4.0
Seite 107, rechts: Bernd Haynold, Wikimedia Commons, CC-BY-SA-3.0
Seite 110, unten: Harald Berger, Wikimedia Commons, CC-BY-SA-3.0
Seite 114, unten: Thomas Mathis, Wikimedia Commons, CC-BY-SA-3.0
Seite 124, oben: Stefan Lefnaer, Wikimedia Commons, CC-BY-SA-4.0
Seite 128, unten: Joan Simon, Flickr, CC-BY-SA-2.0
Seite 132, rechts: Rüdiger Kratz, Wikimedia Commons, CC-BY-SA-3.0
Seite 137: Muriel Bendel, Wikimedia Commons, CC-BY-SA-4.0
Seite 141: Konrad Lauber/Haupt Verlag
Seite 144, rechts: Konrad Lauber/Haupt Verlag
Seite 155: Dipartimento di Scienze della Vita, Università degli Studi di Trieste/Andrea Moro, CC-BY-SA-4.0
Seite 162, rechts: Pmau, Wikimedia Commons, CC-BY-SA-4.0
Seite 178, oben: Orchi, Wikimedia Commons, CC BY SA 3.0
Seite 178, unten: Bernd Haynold, Wikimedia Commons, CC-BY-SA-3.0
Seite 182, links: Réginald Hulhoven, Wikimedia Commons, CC-BY-SA-3.0
Seite 182, rechts: Josef Stuefer, Flickr, CC-BY-SA-2.0
Seite 186, unten: Strauchdieb, Wikimedia Commons, CC-BY-SA-3.0
Seite 192: Matt Lavin, Flickr, CC-BY-SA-2
Seite 197, oben: Konrad Lauber/Haupt Verlag
Seite 197, unten: Jerzy Opioła, Wikimedia Commons, CC-BY-SA-3.0
Seite 199: Réginald Hulhoven, Wikimedia Commons, CC-BY-SA-3.0
Seite 202, unten: Konrad Lauber/Haupt Verlag
Seite 206: Bernd Haynold, Wikimedia Commons, CC-BY-SA-3.0
Seite 212: Bernd Haynold, Wikimedia Commons, CC-BY-SA-2.5
Seite 220, oben: Franz Hammerl-Pfister
Seite 222: Hermann Schachner, Wikimedia Commons, CC-BY-SA-0 1.0
Seite 226, unten: Ewald Gabardi, Wikimedia Commons, CC-BY-SA-3.0
Seite 233: Thomas Mathis, Wikimedia Commons, CC-BY-SA-3.0

REGISTER

Fett gedruckte Seitenzahlen verweisen auf das Artenporträt.

Edition Postkartenbücher

Die Edition Postkartenbücher macht die besten Motive aus ausgewählten Haupt-Publikationen zugänglich.

40 Ansichtskarten in edlem Einband: gebunden, aber einfach heraustrennbar. Bibliophil ausgestattet, vielseitig verwendbar, wunderbar geeignet als Geschenk.

Denis Sonney
Flora amabilis – Das Postkartenbuch
84 Seiten, 40 Ansichtskarten, 12 × 16,5 cm
ISBN 978-3-258-08133-5

Dieses Postkartenbuch enthält eine Auswahl von vierzig Aquarellen mit wunderschönen Pflanzenmotiven aus dem preisgekrönten Buch «Flora amabilis».

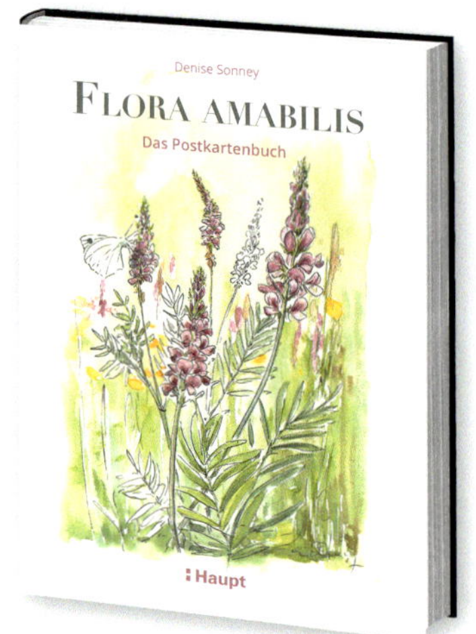

Außerdem in der Edition Postkartenbücher erhältlich:

Johann Brandstetter
Schmetterlinge – Das Postkartenbuch
ISBN 978-3-258-08144-1

Gustav Pfau-Schellenberg
Alte Apfel- & Birnensorten – Das Postkartenbuch
ISBN 978-3-258-08110-6

Oliver Lubrich, Adrian Möhl (Hrsg.)
Alexander von Humboldt und die Botanik – Das Postkartenbuch
ISBN 978-3-258-08109-0